SAMMLUNG GÖSCHEN BAND 1114

Englische Literaturgeschichte

Von

Dr. Fr. Schubel

ehem. apl. Professor an der Universität Greifswald

I

Die alt- und mittelenglische Periode

WALTER DE GRUYTER & CO.

vormals G. J. Göschen'sche Verlagshandlung — J. Guttentag, Verlagsbuchhandlung — Georg Reimer — Karl J. Trübner — Veit & Comp.

Berlin 1954

Archiv-Nr. 11 11 14
Satz und Druck Buchkunst, Berlin W 35
Printed in Germany

Inhalt

Literatur

I. **Bibliographien**

Annual Bibliography of English Language and Literature, Cambr. 1921 ff.

The Year's Work in English Studies, Ldn. 1921 ff.

Heusinkveld A. & *Bashe, E.*, A Bibliographical Guide to Old English, Iowa 1931.

Renwick W. & *Orton H.*, The Beginnings of English Literature to Skelton, New York 1940.

The Cambridge Bibliography of English Literature, 4 Bde., Cambr. 1940.

II. **Geschichte**

The Cambridge Medieval History, 8 Bde., Cambr. 1911—1936.

Aberg N., The Anglo-Saxons in England during the Early Centuries after the Invasion, Uppsala 1926.

Trevelyan G., History of England, Ldn. 1926 (dtsch.: Geschichte Englands, 1936 [2]).

Oman Ch., England before the Norman Conquest, Ldn. 1929 [7].

Paetow L., A Guide to the Study of Medieval History, New York 1931 [3].

Wild F., Die Kultur Großbritanniens, in: Handb. d. Kulturgeschichte, Potsd. 1934.

Collingwood R. & *Myres J.*, Roman Britain and the English Settlements, Oxf. 1936.

Hodgkin R., A History of the Anglo-Saxons, 2 Bde., Oxf. 1939 [2].

Trevelyan G., English Social History, Ldn. 1944 (dtsch.: Kultur- und Sozialgeschichte Englands, Hbg. 1948).

Stenton F., Anglo-Saxon England, Oxf. 1947 [2].

Martin-Clarke D., Culture in Anglo-Saxon England, Baltimore 1947.

Evans J., English Art 1307—1461, in: The Oxford History of English Art, ed. T. S. Boase, Oxf. 1949.

Feiling K., A History of England, Ldn. 1950.

Jerrold D., England: Past, Present and Future, Ldn. 1951.

III. **Literaturgeschichten**

A. Gesamtdarstellungen

Cambridge History of English Literature, 14 Bde., Cambr. 1907 ff. (Zusammenfassung: *Sampson G.*, The Concise Cambridge History of England, Cambr. 1949).

Schirmer W., Geschichte der englischen Literatur, Halle 1937.

Meißner P., Englische Literaturgeschichte, 3 Bde. (Samml. Göschen 1116, 1124 u. 1136), Bln. 1944^{2}.

Turner W., Impressions of English Literature, Ldn. 1944.

Grierson H. & *Smith J.*, A Critical History of English Poetry, Ldn. 1947.

Neilson W. & *Thorndike A.*, History of English Literature, New York 1947^{2}.

Legouis E. & *Cazamian L.*, A History of English Literature, Ldn. 1948^{2}.

Baugh A. etc., A Literary History of England, Ldn. 1950.

Craig H., A History of English Literature, New York 1951.

Williams, T., English Literature. A Critical Survey, Ldn. 1951.

B. Altenglische Literatur

Brandl A., Geschichte der altenglischen Literatur, Straßb. 1908.

Heusler A., Die altgermanische Dichtung, Potsd. 1923.

Schücking L., Die angelsächsische und frühmittelenglische Dichtung, Potsd. 1927.

Wardale E., Chapters on Old English Literature, Ldn. 1935.

Kennedy Ch., The Earliest English Poetry, Oxf. 1948^{2}.

Anderson G., The Literature of the Anglo-Saxons, Princeton 1949.

C. Mittelenglische Literatur

Jusserand J., Literary History of the English People, 3 Bde., Ldn. 1906—1909^{2}.

Thomas P., English Literature before Chaucer, Ldn. 1924.

Hecht H. & *Schücking L.*, Englische Literatur im Mittelalter, Potsd. 1927.

Baldwin C., Three Medieval Centuries of Literature in England 1100—1400, Boston 1932.

Wilson R., Early Middle-English Literature, Ldn. 1939.

Chambers E., English Literature at the Close of the Middle Ages, Oxf. 1945.

Ker W., Medieval English Literature, Ldn. 1948^{2}

Kane G., Middle English Literature, Ldn. 1951.

IV. Altenglische Texte

Grein W., Bibliothek der angelsächsischen Prosa, 13 Bde., 1872 ff.

Grein W. & *Wülker R.*, Bibliothek der angelsächsischen Poesie, 4 Bde., 1891 ff.

Grein W., Dichtungen der Angelsachsen, stabreimend übersetzt, Götting. 1857 u. später.

Krapp G., The Anglo-Saxon Poetic Records, 6 Bde., Ldn. 1931—42.

Crane W. etc., Twelve Hundred Years; The Literature of England. New York 1948 (Auszüge in engl. Übersetzung).

Magoun F. & *Walker J.*, An Old-English Anthology, Iowa 1950 (engl. Übersetzung).

(Kleine, leicht zugängliche Anthologien verzeichnet *M. Lehnert* in: *Altenglisches Elementarbuch*, Bln. 1950, Samml. Göschen 1125, S. 5.)

V Zeitschriften

Anglia, Halle, Tübingen	A
English Historical Review, London	EHR
Englische Studien, Heilbronn	ESt
English Studies, Amsterdam	ESts
The Journal of English and Germanic Philology, Bloomington Ind.	JEGPh
A Journal of English Literary History, Baltimore	JELH
Medium Ævum, Oxford	MÆ
Modern Language Notes, Baltimore	MLN
The Modern Language Review, Cambridge	MLR
Modern Philology, Chicago	MPh
Neophilologus, Groningen	N
Notes and Queries, London	NQ
Philological Quarterly, Iowa City	PhQ
Publications of the Modern Language Association of America, Baltimore	PMLA
The Review of English Studies, London	RESt
Speculum, Cambridge Mass.	Sp
Studia Neophilologica, Uppsala	StN
Studies in Philology, Chapel Hill	StPh
Transactions and Proceedings of the American Philological Society, Lancaster	TPhS

DIE ALTENGLISCHE PERIODE

GESCHICHTLICHE GRUNDLAGEN UND LITERARISCHE ÜBERLIEFERUNG

Das in Handschriften des 8. bis 12. Jhs. überlieferte altenglische (ae.) Dichtgut spiegelt vier deutlich zu scheidende Perioden wider, die voneinander durch tiefgreifende Ereignisse getrennt sind.

Der erste Zeitabschnitt begann 449 mit der Ansiedlung der vor allem aus Schleswig, Holstein und dem Küstenstreifen bis zur Ems kommenden niederdeutschen heidnischen Angeln, Sachsen und Jüten (oder Euten) — wahrscheinlich auch der Friesen von den friesischen Inseln und dem gegenüberliegenden Festland[1]). Die Jüten nahmen Besitz von Kent, der Insel Wight und dem nördlich davon gelegenen Küstenstreifen, die Sachsen vom übrigen Süden bis zur Themse und die Angeln von dem weiten Gebiet nördlich davon bis zum Firth of Forth[2]).

Die zweite und literarisch fruchtbarste ae. Epoche stand im Zeichen der Christianisierung, die fast gleichzeitig von zwei Seiten unternommen wurde: vom Norden durch die iro-schottische Kirche unter Columba († 597), vom Süden durch die römische Kirche unter Gregor d. Gr. († 604), der 596 den Bischof Augustin († 604) und 40 Benediktinermönche nach Kent entsandte. Nach jahrelangen Kämpfen zwischen den beiden Kulturkreisen kam durch den Nordhumbrerkönig Oswiu († 670) auf der Synode zu Streoneshealh (heute: Whitby, York-

---

[1]) Nach britischen Quellen (Gildas, Nennius) leiteten die Jüten unter Führung von Hengist und Horsa die Eroberung Britanniens bereits 428 ein, nachdem sie auf Veranlassung des kentischen Fürsten Vortiger(n) zur Abwehr der vom Norden einfallenden keltischen Pikten und Skoten gekommen waren.

[2]) Vgl. A. Gennrich in ‚Forschungen u. Fortschritte' 25 (1949), 49 f.; E. Schwarz, *Goten, Nordgermanen, Angelsachsen*, Bern 1951.

shire) 664 eine Einigung zugunsten Roms zustande. In diesem zweiten ae. Zeitabschnitt herrschte zunächst Nordhumbrien — der nördliche Teil von Anglia (Anglien) — politisch und kulturell vor, was rein äußerlich zur Folge hatte, daß die Angeln ihren Namen zur Bezeichnung der Sprache des ganzen Landes (‚englisc') hergaben. Von Anglien verlagerte sich das politische Gewicht hauptsächlich im 8. Jh. unter König Offa II. (757—95) südwärts nach Mercien, und als 782 der geistliche Erzieher und Schriftsteller Alcuin (735—804) von York, das sich schon unter dem Erzbischof Ecgberht (732—66) und seinem gelehrten Nachfolger Æthelberht († 804) zu einem Bildungszentrum von Ruf entwickelt hatte, fortging, schwand auch die Vorherrschaft der anglischen Kultur. Ihren Todesstoß erhielt sie schließlich durch die heidnischen Skandinavier — von den Angelsachsen als „Dänen" oder „Heiden" bezeichnet — die von 787 ab plündernd die Ostküste Britanniens heimsuchten und sich allmählich von Nordosten her festsetzten.

Ein dritter Abschnitt konnte nur in dem vor den „Dänen" geretteten Südteil neu begonnen werden, nachdem Alfred d. Gr. (871—899) sie nach hartem Kampf besiegt und zu einem Vertrag (886) gezwungen hatte, durch den als Trennungslinie zwischen seinem Lande Wessex (= Westsachsen) und dem der „Dänen" — die sog. ‚Denalaʒu' (Danelaw = Dänengesetz) — die Themse, die walisische Grenze und eine alte, von Dover über Canterbury und Rochester nach London führende Römerstraße bestimmt wurde. Diese Periode steht auch kulturell ganz unter dem Einfluß des größten ae. Königs.

Der letzte kulturelle Auftrieb in ae. Zeit wurde durch König Edgars (959—75) Wiederherstellung der Klöster und durch die von diesen ausgehende Benediktiner-Reform veranlaßt. Er konnte sich auch auf das von Alfreds Nachfolgern zurückgewonnene ‚Danelaw'-Gebiet ausdehnen. Auch diese spät-ae., unter dem Einfluß Westsachsens (mit der Hauptstadt Winchester) stehende Periode fand — wie die zweite anglische — von außen her ein gewaltsames Ende. Unter dem schwachen Æthelred (979—1016) faßten neue Wikingerscharen, vom Dänenkönig Swein angeführt, Fuß in England und beherrschten es unter Knut d. Gr. (1016—35). Eduard d.

Bekenner (1042—66), der letzte Herrscher aus dem westsächsischen Königshause, besetzte hohe Ämter in Kirche und Staat mit normannischen Günstlingen und wurde der Wegbereiter für die normannische Invasion. Nachdem der Normannenherzog Wilhelm d. Eroberer, der Anspruch auf den englischen Thron erhob, den zum Angelsachsenkönig gewählten Harold 1066 bei Senlac (Hastings) vernichtend geschlagen hatte, war die ae. Zeit äußerlich zum Abschluß gebracht.

Diese z. T. an dem Bestand der Angelsachsen rüttelnden historischen Ereignisse mußten eine stetige kulturelle — und damit auch literarische — Entwicklung verhindern und dazu führen, daß vier voneinander getrennte Perioden von eigenem Gepräge entstanden:

1. Die heidnische Zeit (449 bis 7. Jh.),
2. Die anglische Blütezeit (7. bis 8. Jh.),
3. Die Zeit Alfreds (871—899),
4. Die spät-altenglische Zeit (10. bis 11. Jh.).

Die erhaltenen, diese Perioden widerspiegelnden Reste des ae. Schrifttums, deren erste vor 800 und deren jüngste im 12. Jh. aufgezeichnet wurden, treten uns in vier Dialekten entgegen. Zwei davon — der kentische und der mercische — sind in der Hauptsache durch Übersetzungen und Erläuterungen zu lateinischen Wörtern oder Texten (Glossen[3]) und Interlinearversionen) vertreten. Zu den bedeutendsten Denkmälern in nordhumbrischer Mundart gehören die Runen-Inschriften auf einem in Auzon (bei Clermond-Ferrand) gefundenen Elfenbeinkästchen und auf den Kreuzen von Ruthwell[4]) (bei Dumfries, Südschottland) und Bewcastle (in Cumberland) sowie Bedas *Sterbegesang*, Cædmons *Hymnus* und das *Leidener Rätsel.*

Die Hauptmasse der ae. Schriftdenkmäler ist in westsächsischer Sprache aus der Zeit Alfreds d. Gr. (871—899) und den folgenden Jahrhunderten überliefert. In ihr wurden auch die vor den plündernden und zerstörenden „Dänen“ zum Süden geretteten anglischen Dichtungen auf Alfreds Veranlassung durch Übertragungen fest-

---

[3]) Vgl. H. Meritt, *Old English Glosses*, Ldn. 1946.

[4]) Vgl. D. Martin-Clarke, *Culture in Early Anglo-Saxon England*, Baltimore 1947, 31 ff.

gehalten. Sie liegen heute hauptsächlich in den vier großen, berühmten Manuskripten[5]) vor:

1. Junius-Hs. XI (Bodleian Library, Oxford, um 1000),
2. Exeter-Hs. (Kathedrale zu Exeter, c. 1050—72),
3. Vercelli-Hs. (Dombibliothek zu Vercelli, Oberitalien, 2. Hälfte 10. Jh.),
4. Beowulf-Hs. (Vitellius A XV, British Museum, 10. Jh.).

Wenn auch durch diese von dem ae. Dichtgut erheblich mehr überliefert worden ist als durch wenige andere Handschriften für die übrigen altgermanischen Literaturen[6]), so stellt es von dem ursprunglich Vorhandenen doch nur einen Bruchteil dar. Und dieser ist in den meisten Stücken noch nichts Ursprüngliches. Denn die Aufzeichnung der ältesten Dichtungen konnte erst nach langer mündlicher Weitergabe erfolgen, und auch die jüngeren liegen wohl in den wenigsten Fällen in Originalfassungen vor. Da die einzigen Schriftkundigen jahrhundertelang Kleriker waren[7]), ist von vornherein nicht nur mit Sichtungen des Materials nach geistlichen Gesichtspunkten, sondern auch mit z. T. bedenkenlosen Umgestaltungen und christlichen Verbrämungen zu rechnen. Wenn Heidnisches überhaupt erhalten blieb, so ist das gewiß der klugen Weisung Gregors d. Gr. († 604) zu verdanken, bei der Christianisierung der Angelsachsen größtmögliche Toleranz zu üben, und ferner einem antiquarischen Interesse gewisser Geistlicher an der heidnischen Vergangenheit zu einer Zeit, wo die Christianisierung der Angelsachsen als nicht mehr gefährdet galt, d. h. etwa vom 10. Jh. ab.

Einer Darstellung der ae. Literaturgeschichte treten aber nicht nur diese sich aus den entscheidenden religiösen und historischen Wandlungen ergebenden Um-

---

[5]) Ausgaben und Faksimiles der Handschriften verzeichnen Sievers-Brunner, *Altenglische Grammatik*, Halle 1942, § 2 Anm. 7 und M. Lehnert, *Altenglisches Elementarbuch*, Bln. 1950 (Samml. Göschen 1125), 11 ff.

[6]) Gegenüber etwa 30 000 ae. Versen sind von der ahd. Dichtung nur 200, von der as. etwas mehr als 6000 und von der altisl. 7300 erhalten.

[7]) Wohl brachten die sich in Britannien ansiedelnden Germanenstämme vom Festland die Runenschrift mit. Doch war diese nur zum Einritzen weniger Zeilen auf Holz oder Stein bestimmt und wanderte vereinzelt in ein Buch (vgl. 2. Kap. B 3 b). Zur Aufzeichnung der ae. Sprachdenkmäler führten irische Missionare im 7. Jh. die lateinische Schrift in irischer Abart ein. Vgl. H. Arntz, *Handbuch der Runenkunde*, Halle 1944.

stände hemmend entgegen, sondern vielleicht mehr noch die Unsicherheit der Entstehungsdaten und -orte sowohl für die noch tatsächlich vorhandenen Texte, als auch für deren verlorene Originale[8]). Nachdem sich immer mehr vor allem die sprachhistorischen Kriterien als unzuverlässig erwiesen haben, scheinen im letzten Jahrzehnt die stilkundlichen und kulturgeschichtlichen so erfolgreich zu sein, daß es auch für die am schwersten datierbaren ae. Dichtwerke endlich gelingt, den Zeitraum für deren Abfassung wenigstens von mehreren Jahrhunderten mit Wahrscheinlichkeit auf nur eines einzuengen. Dieser Umstand läßt deshalb heute den Versuch rechtfertigen, den Akzent von der bisher allein möglich scheinenden Betrachtungsweise, die alles zu einer Dichtungsgattung Gehörige nach ästhetischen Gesichtspunkten zusammenstellte und das zeitliche Moment nur gelegentlich oder nebenbei berücksichtigte, auf die Chronologie — wenn auch natürlicherweise zunächst nur grob — zu verschieben.

1. Kapitel

DIE HEIDNISCHE ZEIT
(449 bis 7. Jh.)

Da aus der heidnischen Periode der Angelsachsen keine Literatur überliefert ist, bleibt zu deren wenigstens teilweiser Erschließung nur übrig, ihre Niederschläge in geeigneten Dichtwerken der unmittelbar folgenden anglischen Blütezeit aufzudecken; denn das Heidentum hallt in dieser ebenso nach, wie künftig jede andere Periode in der nächsten durch gewisse Elemente weiterlebt. Doch ist die Erhellung des heidnischen Abschnittes aus dem folgenden wegen der Unzuverlässigkeit von deren Literaturwerken mit besonderen Gefahren verbunden, die nur bei Heranziehung der durch Sprachforscher, Altgermanisten und vergleichende Religionswissenschaftler gefundenen Ergebnisse bis zum gewissen Grade zu bannen sind.

---

[8]) Vom alten Dichtgut ging vieles noch in späteren Jahrhunderten verloren, z B. zweifellos im 16. Jh. durch Heinrichs VIII. Klosterzerstörungen. Was alles vernichtet wurde, ist z. T. aus den zufällig auf dem Kontinent erhalten gebliebenen Büchern ersichtlich. Vgl. dazu W. Levison, *England and the Continent in the Eighth Century*, Oxf. 1946, 14 f.

A. Rituelle Literaturgattungen

1. Niedere Kleindichtungen

In Übereinstimmung mit den Ergebnissen für andere germanische Völker gehen auch im Altenglischen die *Heil- und Zaubersprüche* in der sehr unterschiedlichen Länge von 19 bis 77 Zeilen mit Alliteration (vgl. S. 25), in Prosa oder gemischt[1]) zweifellos auf die ältesten Zeiten zurück.

In den meisten beschwören primitive, ganz mit der Natur verbundene Menschen irgendwelche — oft durch Hexen verursachte — Krankheiten; in anderen bitten sie um Fruchtbarkeit des Ackers, um Beeinflussung eines Bienenschwarms oder des verlorenen Viehs und um Reiseglück. Angerufen werden Windgöttinnen, Elben und Hexen, die Erde, geheimnisvolle Pflanzen, eine Spinne, häufiger jedoch — manchmal neben diesen — Gott, Maria oder Heilige, was aus der Art der Überlieferung erklärlich ist. Mehrfach sind die den Zauber begleitenden Zeremonien, z. B. Berührung der Erde mit der Hand, ausführlich mitgegeben. Daß die Zaubersprüche auch von Frauen gesagt wurden, erfahren wir aus dem Beichtbuch des Erzbischofs Theodor v. Canterbury (c. 602—90).

Während von ihnen wenigstens noch ein gutes Dutzend aus der ältesten Zeit vorhanden ist, sind die anderen bei den germanischen Völkern üblichen niederen Kleindichtungen — von sehr geringen Resten abgesehen — für die Angelsachsen nur durch Hinweise bezeugt. So erfahren wir, daß es z. B. noch *Opfer-* und *Orakelverse, Hymnen* und *Gebete,* auch *Hochzeits-* und *Totenlieder* gegeben hat.

An *Sprichwörtern* bestand ebenfalls kein Mangel, wie nicht nur aus Annalen und juristischen Schriften, sondern vor allem aus zwei noch erhaltenen Sammlungen von Sprüchen (Exeter-Hs. und MS. Cott. Tib. B I) zu entnehmen ist. Wenn es auch nicht gelingt, die in diesen Handschriften des 10. Jhs. enthaltenen gnomischen Verse (Sprüche, Sentenzen, Maximen) dem Alter nach genau zu bestimmen, so deutet doch eine ganze Reihe von ihnen

[1]) Vgl. G. Storms, *Anglo-Saxon Magic,* Haag 1948.

auf recht frühen Ursprung, vor allem solche, die auf heidnischen Ritus, auf gemeingermanische Tugenden, im besonderen auf heldische Tapferkeit, anspielen.

2. Lehrsprüche

Sog. *Lehrsprüche* — d. h. Sprüche, deren sich die heidnischen Priester gern bedienten, um die vor-christlichen Angelsachsen die Göttergeschichten und die heidnische Weltauffassung in leichtverständlicher Form zu lehren — sind noch ein paar, ebenfalls christlich eingekleidet, aus der Folgezeit vorhanden. Von ihnen macht, auch im Hinblick auf die Sprache, der im MS. Cott. Tib. B I stehende den ältesten Eindruck. In heidnisch-christlichem Nebeneinander bringt er in 66 Zeilen nach einer Lehre von den übermenschlichen Mächten eine Aufzählung dessen, was zum Heldenleben gehört, spricht z. B. über den Dieb, über den Sumpfunhold und das Zauberweib und schließt moralisierend mit Betrachtungen über Gut und Böse, Jugend und Alter, Leben und Tod u. a. m. — Der 206 Zeilen umfassende Komplex von Lehrsprüchen der Exeter-Hs. erörtert in seinem — dem Anfang des 8. Jhs. zugehörigen — ersten Teil, der schon stark christlich durchdrungen ist, die Pflichten des Königs, des Adligen und seiner Frau, sowie aus der Sphäre des bürgerlichen Lebens die Fährnisse des Kaufmanns. In dem einheitlichen zweiten Teil wird unter den tüchtigen Männern des höfischen Kreises der menschenkundige Sänger lobend hervorgehoben[2]).

B. Hofdichtungen

Neben diesen hauptsächlich die übersinnliche und geheimnisvolle Geister- und Götterwelt widerspiegelnden literarischen Erzeugnissen, die — wie bei allen alten Völkern — dem Bedürfnis und der Befriedigung ursprünglichster Instinkte dienten, steht in den überlieferten ae. literarischen Quellen als zweiter großer Interessenkreis die Welt des Hofes. Die Rolle, die für

---

[2]) Wegen der Zugehörigkeit zur Gattung der Lehrsprüche seien hier noch des *Vaters Lehren* der Exeter-Hs. aufgenommen, obgleich die 94 Zeilen nichts mehr von den alten heidnischen Idealen des Helden oder Hofes wissen. Sie empfehlen dagegen Ergebenheit und Liebe gegenüber dem guten Lehrer und allen gottesfürchtigen Verwandten und warnen vor Liebschaften, weil Gott sie hasse.

den heidnischen Bauern und seine Familie Tempel und Priester spielten, kam in der Welt des germanischen Helden dem Fürstenhof zu, worin keineswegs ein Gegensatz lag. Und zum Fürstenhof gehörte auch der berufsmäßige Sänger, der ‚Skop‘ (= Schöpfer). Ihm lag die vom Fürsten gewünschte Pflege der heldischen Tradition, die Besingung heldischer Tugenden und die Unterhaltung des Fürsten und seiner Gefolgsleute in der Methalle ob. Er hatte auch auf dem Wege zur Schlacht, nach dem Sieg und in der Todesstunde zu singen. Dafür lebte er im Königs- oder Adelshause und wurde belohnt. Die Schüler des ‚Skops‘ aber wanderten und sangen gelegentlich zur Harfe[3]) im Wirtshaus oder auf der Straße, wodurch sie die höfische Dichtung mindestens zu einem Teil hinaustrugen.

1. Merk- und Lehrverse

Von den ‚Skops‘ mit Harfenbegleitung vorgetragen wurden z. B. die *Merkverse,* deren Ziel es war, wichtige Tatsachen ins Gedächtnis zurückzurufen oder erneut zu verankern. Die ältesten davon vereinigt das Gedicht von dem weitgereisten Sänger *Widsith* (= Weitfahrt, Exeter-Hs.; 143 Zeilen), das von den Tugenden und Fähigkeiten eines idealen ‚Skops‘ kündet und zwischen lyrischen Einschiebseln und betrachtenden Ausblicken drei verschiedenaltrige Listen von Königen, Helden und Völkern zusammenstellt. Der erste Teil, der die Herrscher nennt, ist auch der älteste. Der mercische König Offa I (2. Hälfte 4. Jh.) und die Dänenkönige Hroðwulf und Hroðgar werden besonders herausgehoben. Etwa dem 7. Jh. zugehörig ist der dritte Katalog mit gotischen, fränkischen und langobardischen Helden, während die Liste des mittleren Teils von etwa 70 meist nordgermanischen und niederrheinischen Völkern das Buchwissen eines Geistlichen des 8. Jhs. zur Voraussetzung hat[4]).

Die lange, trockene Aufzählung von Namen wird nur unter der Annahme wirklich verständlich, daß die Zu-

[3]) Vgl. J. Pope, *The Rhythm of Beowulf,* New Haven 1942, 88 ff.

[4]) Vgl. K. Malone in JEGPh 38 (1939), 226 ff.; 43 (1944), 451; 45 (1946), 147 ff.; W. French in PMLA 60 (1945), 623 ff.

hörer bei ihrer Nennung an bereits Bekanntes, das ihre Vorfahren schon — vielleicht in Preis- oder Heldenliedern (vgl. S. 19 ff.) — vom Kontinent mitbrachten, erinnert wurden.

Ein zweites Beispiel der Merkdichtung ist in einem *Runenlied* überliefert, das der Form nach ins 8. oder 9. Jh., dem Stoff nach aber in die heidnische Zeit zurückdatiert werden muß. Um die Kunst der Runenschrift, die sich bis in die christliche Zeit neben dem römischen Alphabet erhalten hatte, zu lehren, wurden als Gedächtnisstützen Alliteration (vgl. S. 25) und Rhythmus benutzt. Von 29 Runen gibt der Dichter die Namen und eine kurze Deutung.

2. Gesellschaftslieder

Zur Unterhaltung während der Gelage in der Methalle trugen die ‚Skops' mit Harfe oder Pfeife auch beim sog. ‚dream'[5]), dem „Gesellschaftslied", bei. Das Absingen solcher ‚dreamas' war im 10. Jh. und danach Wirtshaussitte geworden und wurde von den kirchlichen Gesetzgebern mit Mißgunst betrachtet. Selbst im Kloster der Prinzessin Hilda († 680) zu Streoneshealh (= Whitby in Yorkshire) wurden weltliche Lieder gesungen. Und der erste namentlich genannte ae. Dichter Cædmon saß hier zwischen Singenden, als die Harfe an ihn kam, um das von ihm erwartete Lied damit zu begleiten. Aus diesem Einzelfall ist im besonderen auf alte weltliche Preis- und Loblieder zu Ehren eines Fürsten oder Königs zu schließen. Denn nur durch die Annahme, daß deren Form allgemein bekannt war, läßt sich der Bericht Bedas (673—735) über die plötzlich erwachende Fähigkeit bei dem des Dichtens unkundigen Cædmon, einen christlichen Hymnus zu dichten, verständlich machen[6]) (vgl. S. 35).

[5]) Vgl. B. von Lindheim in RESt 25 (1949), 193 ff.

[6]) Der Theologe und Historiker Beda (673—735) der nordhumbrischen Abtei Jarrow machte mit seiner lateinisch geschriebenen *Historia Ecclesiastica Gentis Anglorum* (731) den ersten umfassenden Versuch einer zusammenhängenden und kritischen Darstellung der englischen Geschichte, die noch heute gerade für die älteste Periode von 55 v. Chr. an grundlegend ist. Vgl. M. Carroll, *The Venerable Bede*, Washington 1946; Ch. Jones, *Saints' Lives and Chronicles in Early England*, New York 1947.

Von anderen Gesellschaftsgesängen kann nur das *Spottlied* als Typus durch eine Glosse bezeugt werden. Daß aber auch *Soldaten-* und *Kriegslieder* dagewesen sein müssen, ist aus den zahlreichen, in der erhaltenen ae. Literatur vorzufindenden Anspielungen ersichtlich.

3. Heldengesänge

Im Vergleich zu den wenigen Stücken der verschiedenen noch erhaltenen Gattungen ist glücklicherweise von der für die älteste ae. Zeit aufschlußreichsten und gleichzeitig literarisch wertvollsten Dichtungsart, nämlich vom epischen Heldenlied, mehr erhalten geblieben.

Daß es noch zu Ende des 8. Jhs. in Nordhumbrien sehr bekannte, bei Mahlzeiten zur Harfe vorgetragene Heldengesänge gab, die heidnische Könige verherrlichten, geht aus Briefen des Dichtergelehrten Alcuin[7]) von 797 hervor, in denen das Auftreten von wandernden Sängern im Bischofshause gerügt wird[8]). Eine wie große Rolle müssen solche Sänger mit weltlicher Epik erst am Hofe gespielt haben! Sie ist zu erahnen aus Stellen des größten noch erhaltenen Epos, des *Beowulf*, in dem wiederholt die ‚Skops' mit ihren Heldengesängen zitiert werden, und aus den Namenlisten von *Widsith*, die nur als „Stichwörter" für bereits bekannte Heldentaten und -schicksale sinnvoll sein können (vgl. S. 17).

Der Gattung des epischen Spielmannsliedes stehen von den überlieferten Denkmälern die *Finnsburg-* und die *Sigmundsage* am nächsten. Von dem ersten waren bis 1705, als es gedruckt wurde, nur 48 Verse erhalten[9]). Die inhaltliche Aufhellung und Ergänzung ist nur — z. T. nicht ohne Widersprüche — durch den im *Beowulf*-Epos mitgeteilten Auszug (Z. 1063—1160) möglich:

Der Dänenkönig Hnæf besucht mit seinem Gefolge, darunter Hengest, seine Schwester Hildburg, die Gattin des Friesenkönigs Finn, und wird in „Finns Burg" untergebracht. Nachts nähern sich in feindlicher Absicht die Friesen den Toren. In einem fünftägigen Kampf kann die Halle nicht erstürmt werden. Als Finn

---

[7]) Vgl. J. Atkins, *English Literary Criticism*, Ldn. 1952, 51 ff.
[8]) Vgl. W. Levison, a. a. O., 153 ff.
[9]) Vgl. H. Kökeritz in StN 14 (1942), 277; K. Malone in JELH 10 (1943), 257 ff., RESt 21 (1945), 126 f., MPb 43 (1945), 83 ff., MLR 44 (1949), 228.

selbst eingreift, fällt Hnæf durch seine Hand. In einem Vertrag wird festgesetzt, daß den Dänen bis zum Frühjahr der Aufenthalt im Friesenlande gestattet sein soll. Hengest, der sich mit Finn vertragen mußte, gerät in schwere Konflikte zwischen Mannen- und Eidestreue. Als ihm kurz vor der Abreise ein Schwert — wahrscheinlich das des getöteten Herrn — in den Schoß gelegt wird, eilt er zu Finn und erschlägt ihn. Im aufflammenden Kampf unterliegen die Friesen. Mit Hildburg und mit reicher Beute fahren die Dänen nach Hause zurück.

Von dem erwähnten zweiten epischen Spielmannslied, das von Sigmund handelt, sind nur wenige Zeilen im *Beowulf*-Epos (Z. 874—915) überliefert. Während der ersten Siegesfeier berichtet hier ein ‚Skop', wie Sigmund ohne den gewohnten Begleiter Fitela einen Drachen tötete und dessen Schätze wegführte.

Die Nähe der *Finnsburg*- und *Sigmund*-Stücke zum alten epischen Spielmannslied zeigen die straffe dramatische Darstellung — selbst bei den wichtigsten Vorgängen —, die knappe Zeichnung der Umgebung und die kurzen Worte statt der langen Reden des späteren Schreibepos, wie das auch bei den *Waldere*-Bruchstücken zutage tritt, die jedoch nichts zur Erhellung dieses 1. Kapitels beizutragen vermögen (vgl. S. 33).

Das Gegenteil gilt für das vollständig erhaltene *Beowulf*-Epos[10]). Der ersten Aufzeichnung nach — man nennt heute gewöhnlich das frühe 8. Jh.[11]) — gehört es natürlich nicht in die heidnische Zeit, doch stellt es Stoffe dar, die im 6. Jh. liegen. Auch sonst hebt sich dieses Reservoir heidnischen Heldensanges von der übrigen — z. T. gleichzeitig entstandenen — noch erhaltenen Epik merklich ab.

Wahrscheinlich im Dienste der christlichen Überwindung des auch im 8. Jh. noch nicht getilgten Heidentums nahm der für germanisches Heldentum interessierte Dichter — ein wohl dem mercischen Hofe nahestehender Geistlicher — im Gegensatz zu denen, die

[10]) Neueste Ausgaben vgl. bei M. Lehnert, *Beowulf*, Bln. 1949, Samml. Göschen 1135, 4. Als letzte sind die von F. Holthausen 1948 und von Heyne-Schücking 1949 zu nennen.

[11]) Vgl. C. Wrenn in TPhS (1943), 17 f.; D. Martin-Clarke, a. a. O., 49 ff.

zur gleichen Zeit oder sogar früher biblische Stoffe darstellten, heidnisches Liedgut für seine den christlichen Idealen dienlichen Ziele zu Hilfe und schrieb daraus sein 3182 Verse umfassendes Heldenepos[12]), dessen Komposition Parallelen zu Vergils *Aeneïs*[13]), dem bis ins 8. Jh. im alten England meistgelesenen lateinischen Werk, erkennen läßt.

Es handelt sich also hier um ein Epos, das seine Voraussetzung in mündlich überlieferten heidnischen Spielmannsliedern hatte[14]), die im vor-christlichen Angelsachsenreich und auch noch später lebendig waren, und das das Ziel verfolgte, die germanisch-heidnischen Ideale mit christlichen zu vereinigen, so daß auch Beowulf als Idealfigur alte mit neuen Tugenden verkörpert.

Als zugrundeliegender Sagenstoff ist für Teil I ein alter skandinavischer Märchentypus vom sog. „Bärensohn" erwiesen worden, in dem der Held — mit Bärenstärke oder nach einigen Versionen als Sohn eines Bären — einen Dämon, zuweilen auch dessen Mutter, besiegt. Der Quelle des Teils I am nächsten stehen Ausschnitte der aus dem 13. und 14. Jh. erhaltenen isländischen *Grettis-*, *Samsons-* und *Hrolfssagas*, was gemeinsame Vorlagen vermuten läßt, während Teil II als geschlossenes und offenbar voraussetzungsloses Werk des Epikers zu werten ist.

Auch der historische Hintergrund ist der skandinavischen Geschichte entnommen, nach der die Gauten aus dem südschwedischen Götland unter ihrem König Hyȝelac zu Beginn des 6. Jhs. in das Frankenreich an der Rheinmündung einfielen und zurückgeschlagen wurden, wobei sich der Neffe des Königs, Beowulf, besonders tapfer schlug. Ob der Stoff zu diesem ältesten germanischen Heldenepos z. T. schon vom Kontinent mitgebracht wurde oder ob für die Verherrlichung

---

[12]) Vgl. D. Whitelock, *The Audience of Beowulf*, Oxf. 1951.

[13]) Vgl. J. Hulbert in MPh 44 (1946), 65 ff.; ders. in PMLA 66 (1951), 1168 ff.

[14]) Auf mündliche Überlieferung weisen u. a. häufige Wendungen wie „ich hörte", „ich erfuhr", die immer wiederkehrende Verwendung des Verbs „sprechen" zur Einführung der vielen Reden, die zahlreichen Ausrufe, die unbeholfene Art der Satzverknüpfung u. a. m.; vgl. M. Lehnert, *Altenglisches Elementarbuch*, Bln. 1950, 18.

skandinavischer Tradition auf englischem Boden besonders enge Beziehungen zwischen einem mercischen Hof und Dänemark (möglicherweise durch Heirat) maßgebend waren, muß dahingestellt bleiben. Daß zur Zeit der Abfassung des Epos mindestens die Hauptgestalten Allgemeingut der Angelsachsen gewesen sind und nicht nur zum gelehrten Wissen des *Beowulf*-Dichters gehörten, hat sich u. a. aus der Namenforschung ergeben.

Nach einer kurzen Einleitung[15]), in der der Dichter germanischem Brauch gemäß den Stammbaum des im Mittelpunkt der Handlung stehenden Königs — hier also des dänischen — aufführt und preist, wird berichtet, daß der Dänenkönig Hroðgar, einer der Nachfahren des mythischen Scyld, die große Festhalle Heorot erbauen ließ. Nachdem das Ungeheuer Grendel nach fröhlichem Gelage 30 tapfere Scyldinge (= Dänen) und in der folgenden Nacht noch mehr getötet und weggeschleppt hatte, stand die Halle zwölf Jahre lang nachts leer. Als aber Beowulf, der Neffe des Königs der Gauten, davon hört, fährt er, der in seinem Handgriff die Kraft von 30 Männern vereint, mit vierzehn Gefolgsleuten nach Dänemark, um Hroðgar zu helfen. In der Nacht reißt B. in schwerem Kampf dem Ungeheuer einen Arm aus, und am nächsten Morgen reiten B. und seine Mannen zu Grendels Behausung, einem Moorsee. Während eines Festes, bei dem an die Sieger reiche Gaben verteilt werden, bringt ein Sänger das erwähnte *Finnsburg*-Lied (S. 19) zu Gehör.

Dem Kampf gegen Grendel folgt im 2. Abschnitt (Z. 1251—1887) das Abenteuer gegen Grendels Mutter, die, um ihren Sohn zu rächen, die Halle überfällt und einen Vertrauten Hrodgars sowie den ausgerissenen Arm Grendels mitschleppt. B. zieht zum Moor und taucht nach einigen Abschiedsworten in voller Rüstung in die Flut. Auf dem Grunde angelangt, wird er von Grendels Mutter in ihre Behausung, einen trockenen Saal, geschleppt. In verzweifeltem Kampf tötet er schließlich mit einem vorgefundenen seltsamen Riesen-

[15]) Eine detaillierte Inhaltsangabe mit Auszügen aus dem ae. Text und deren deutsche Übersetzungen findet sich in W. Hübner, *Die Stimmen der Meister*, Bln. 1950, 3 ff.

schwert die Unholdin und schlägt außerdem das Haupt des toten Grendels ab.

Im 3. Abschnitt wird B.s Heimkehr erzählt, sein Bericht vor seinem König Hyȝelac und dessen Gemahlin Hyȝd gegeben und die Geschenkverteilung geschildert.

Der von vornherein wohl nicht geplante Teil II (ab Z. 2200) berichtet zunächst, wie nach 50jähriger Regierung B.s ein feuerspeiender Drache das Gautenland und auch seinen Herrschersitz einäschert, wie der greise B. mit ausgewählten Recken gegen den Drachen auszieht und von diesem eine tödliche Wunde erhält, wie einer seiner Getreuesten den Drachen mit dem Schwert tötet und wie B. mit letzter Kraft das Untier mit seinem Dolch in der Mitte durchschneidet. Vor dem errungenen Drachenhort trifft er Anordnungen für seine Bestattung. Die Gauten begeben sich zu der Stelle am Meer, wo ihr König und der Drache tot liegen, und nachdem dieser ins Meer gestoßen worden ist, wird B.s Leichnam auf einem Scheiterhaufen verbrannt.

Selbstverständlich konnte der geistliche Dichter nicht auf christliche Elemente in seinem Epos — auf die Erwähnung des allgewaltigen Schöpfers und Lenkers, des Teufels und der Hölle, Kains und des Tags des Gerichts — verzichten. Doch hören wir nichts von Christus und vom Kreuz, von Heiligen und ewiger Seligkeit, von Kirche und Messe. Dagegen schildert er ausführlich die heidnischen Ideale wie Tapferkeit, Gefolgschaftstreue, Herrscherpflichten, Sippenbewußtsein und Blutrache. Auch an heidnischen Gebräuchen (Leichenverbrennung, Jagd- und Waffenübungen, Wettrennen und -schwimmen, Trinkgelagen u. a.) nimmt er keinen Anstoß. Erhalten blieb auch der Glaube an die Schicksalsgöttin ‚Wyrd' und damit auch die heidnische Überzeugung von einer fortgesetzten Entfaltung der eigenen Kräfte in einer sinnvollen Welt, einem Untergang im Siege und einem Durchgang zu einem höheren Leben[16].

Gegenüber den mündlich weitergegebenen epischen Spielmannsliedern (vgl. S. 18) ist natürlich auch eine Weiterentwicklung des Stils im geschriebenen *Beowulf*-

[16]) Vgl. W. Hübner, a. a. O., 14 ff.

Epos zu erkennen. Die ursprüngliche Straffheit ist hier durch zahlreiche Sätze, die über die metrische Zeilengrenze hinausgehen (‚Bogen- oder Hakenstiltechnik'), und durch sehr häufige Variationen, die denselben Gedanken immer wieder aufgreifen, gelockert. Der Knappheit dort steht hier die den Fortgang der Handlung stets hemmende Breite von eingeschobenen Episoden, Einlagen u. a. gegenüber[17]). An die Stelle der kurzen Worte sind die langen Reden getreten. Das alles macht den Eindruck der Unbeholfenheit eines ersten Versuchs an einer neuen Dichtungsart, dem „weltlichen" Epos. Die eigentlich epische Erfindung, nämlich dramatische Zwischenspiele und neue dramatische Rollen, fehlen. Was an neuen Gestalten auftritt, ist nur Zierat.

Von erstaunlicher wortschöpferischer Kraft des Dichters zeugen die etwa 30 % Neuprägungen und Zusammensetzungen — darunter die sog. ‚Kenningar'[18]) — neben der Unmenge veralteter Formen und Formeln. Auffällig ist auch der überaus große Vorrat an Synonymen in den alliterierenden Zeilen. Für „Zeit" sind 9, für „Mann, Menschen" 19 und für „König" etwa 30 verschiedene Wörter gesetzt worden.

Bei Berücksichtigung der eingangs gemachten Vorbehalte gegenüber der Zuverlässigkeit der ältesten ae. Literaturdenkmäler, die eben nur ein „Echo" des Ursprünglichen sein können, läßt sich dennoch folgendes über die heidnischen Angelsachsen herausstellen:

Sobald sie durch ihren ersten Historiker Beda (673 bis 735), durch Annalen, Urkunden, Gesetze und durch die Literatur ins Licht der Geschichte treten, zeugen Sitten und Namen sowie Arten und Inhalte der Dichtungen von lebhafter Weiterführung des Altgermanischen. Auf ihren heidnischen Götterglauben deuten

[17]) Vgl. A. Bonjour in ESts 30 (1949), 113 ff.

[18]) ‚Kenningar' (altisl. kenning = Kennwort) sind poetische Umschreibungen für Sachen oder Begriffe, die vom Sinnlich-Konkreten ausgehen und häufig die Hörer oder Leser zur Enträtselung aufrufen. „Walfischstraße", „Schwanenstraße" oder „Wogengewälze" u. a. stand für Meer; „Wogengänger", „Seeroß", „gewundener Steven" u. a. für Schiff; „Brusthort" für Gemüt, „Bierberaubung" für Trübsal usw. Vgl. K. Malone in MLN 55 (1940), 73 f.

außer Berichten und Dichtversen schon die überlieferten Götter: Woden, Thunor, Frig und Tiw, auch die Walküren und ,Wyrd'. Mitgebracht waren auch die Bezeichnungen für Opfer, Altar, Götterhain und Priesterspruch (,spell'). Wörter für Elben, Riesen, Hexen, Beschwörer, Weissager, Loswerfer und Zauberer vertraten die alte Dämonenlehre. Orts- und Personennamen sowie die älteste Dichtung beweisen eine enge Vertrautheit mit Helden, die Gegenstand allgemeiner altgermanischer Verehrung waren.

Auch die Art, sich literarisch in Versen auszudrücken, haben die Angelsachsen mit den anderen Germanenstämmen gemein. Die Metrik ist gekennzeichnet durch die in zwei Halbverse geteilte Langzeile, deren An- und Abvers von gleich empfundenen Anlauten (,Stäben') der in den Hebungen stehenden Wurzelsilben, um die sich die schwachtonigen Silben willkürlich verteilen, zusammengehalten werden (,Alliteration'), wobei eine Fülle von Variationen schon für die frühesten literarischen Denkmäler aufgedeckt werden konnte. Es stabten die Konsonanten oder die Gruppen st, sp, sc miteinander und alle Vokale wegen des ihnen vorangehenden und damals deutlich vernehmbaren ,Knacklauts' untereinander. Die Alliteration gestattete die besonders starke Heraushebung einzelner Wörter, und die ungleichen Silbenzahlen hatten einen unruhigen Rhythmus verschiedener Wirkungen zur Folge.

Wenn sich dem Ursprung und dem Inhalt nach die Reste des ältesten ae. Dichtguts auch auf zwei soziale Schichten zu verteilen scheinen: die „niedere" und die höfische, so darf das nicht zu der Vorstellung einer Kluft zwischen „Oberschicht" und „niederem Volk" verleiten. Weder war jene, von der große Teile an den heidnischen Ritus gebunden waren, nur für die Bauern kennzeichnend, noch lebte die Hofdichtung nur am Hofe (vgl. S. 17). Aus dem Wesen der Gefolgschaft ergab sich als damaliger Wertungsmaßstab für die Menschen in erster Linie die Treue, der gegenüber — besonders in gemeinsamen Notzeiten — Klassenunterschiede zurücktraten oder ganz fielen und das Interesse füreinander lebendig blieb. Die um den Begriff Treue kreisende „Herrenmoral" erstreckte sich ebenso auf das ganze Volk wie eine bäuerliche Lebensweise, wenngleich Gradunterschiede gewiß vorhanden waren.

Der Gemeinsamkeit der ältesten ae. Literatur für alle Volksteile förderlich waren sicherlich auch die tiefsten — letzten Endes gleichen — Motive, die zum dichterischen Ausdruck führten. Der heidnische Angelsachse stand in engem Kontakt mit seinen Göttern und überirdischen Wesen (Heil-, Zaubersprüche u. a.). Die ‚Wyrd' entscheidet als Schicksalsmacht gerecht abwägend über Leben und Tod[19]). Der Held hofft bei Bewährung auf ein Weiterleben als Krieger in Walhall. Wie seinen Glauben, so pflegte er andere erhabene Traditionen (z. B. seine Runen), besonders aber frühere Helden, wobei es nicht auf individuelle Einzelheiten, sondern auf typische allgemeine Züge des Heldencharakters und -schicksals ankam, begeistert sich an ihren phantasievoll ausgestalteten, unerbittlichen Kämpfen, wobei der emphatische Ton der Langzeile und die durch Hervortreten der Konsonanten harte Sprache zu Hilfe kommen, und preist an der Jugend und den rüstigen Männern die heldischen Tugenden — vor allem Treue, Mut, Stolz und Unbeugsamkeit —, denen er nacheifert; denn der Krieger war in jener Zeit der Landgewinnung und -haltung die wichtigste Person, der gegenüber die Alten und die Frauen zurücktraten. Die Treue zum eigenen Herrn stand obenan und entschied nach tragischem Konflikt für die letzte Haltung *(Finnsburg)*.

Der enge Kontakt mit der Natur ergibt sich von vornherein aus dem heidnischen Glauben, nach dem sie der Hort zahlreicher übermenschlicher Wesen ist, die angerufen oder beschworen werden, und er offenbart sich dichterisch in Schilderungen der Natur von ihrer elementaren, erhabenen Seite her, besonders häufig in solchen der See. Der Blick für Einzelheiten der Wirklichkeit fehlt auch hier, denn nicht exakte Anschauung, sondern Eindruck war das Ziel, was z. B. ebenso aus den ‚Kenningar' spricht, die doch häufig „rätsel"-haft scheinen (vgl. S. 24 Anm. 18) und der Phantasie mehr als dem ruhigen Nachsinnen verdanken.

[19]) Vgl. H Galinsky in ESt 74 (1940/41), 273 ff.

So wenig realistisch im ganzen die Dichtkunst dieser ersten Periode war, so wenig waren es die auf das Überirdische, auf die erhabene Tradition, auf heldische Tugenden und Ideale sowie auf die kraftvolle Gesamtwirkung der elementaren Natur gerichteten, der Phantasie mehr als dem Verstand huldigenden heidnischen Angelsachsen.

2. Kapitel
DIE ANGLISCHE BLÜTEZEIT
(7. bis 8. Jh.)

Gegenüber den wenigen literarischen Erzeugnissen, in denen noch das Echo aus der heidnischen Zeit aufgefangen werden kann, steht die im Vergleich zu anderen germanischen Literaturen verhältnismäßig große Menge von ae. Dichtungen, die einen unmittelbaren Niederschlag der kulturellen — und damit auch der literarischen — Blütezeit Angliens darstellen.

Es ist erklärlich, daß während der ersten Jahrhunderte des Ringens um die Alleinherrschaft des Christentums[1]) neben der kirchlichen Dichtung noch solche entstand, die wegen der behandelten nichtreligiösen Themen als „weltliche“ Dichtung gekennzeichnet werden kann, wenngleich auch sie mehr oder weniger christliche Elemente enthält, was sich aus der früher dargelegten Art der Überlieferung durch die schriftkundigen Kleriker versteht.

A. Weltliche Dichtung
1. Rätsel

Innerhalb der noch vorhandenen „weltlichen“ Literatur tritt als umfangreichste Gattung die der *Rätsel* in Erscheinung, von denen außer Nr. 36 in einer Leidener Handschrift (Voss. Q. 106) zwei Sammlungen in

[1]) Daß das Christentum keineswegs freudig aufgenommen wurde, beweist u. a. das langsame und mit Rückschlägen verbundene Vordringen. Erst 635—639 ließen sich die herrschenden Kreise der Westsachsen taufen; 655 nach einer blutigen Niederlage die Mercier; 681—686 endlich die unmittelbaren Nachbarn Kents, die Südsachsen. Die 1939 entdeckten Funde bei Sutton Hoo (Suffolk) beweisen ein heidn. Schiffsbegräbnis bei den Angeln noch für 655 oder 656. Vgl. *The Sutton Hoo Ship Burial*, Ldn. 1952.

der Exeter-Hs. erhalten sind[2]). Sie sind von sehr ungleicher Art und Länge (von einer Zeile in Nr. 69 bis zu über 100 in Nr. 40) und stammen aus verschiedenen Zeiten (hauptsächlich wohl 8. Jh.). Im ganzen gesehen, handelt es sich um Kunsträtsel[3]), die z. T. gar nicht um des Ratens willen verfaßt zu sein scheinen[4]). Als Vorbilder galten für sie die im 7. und 8. Jh. beliebten lateinischen Rätsel.

Einige ae. Rätsel geben dadurch gute Kunde vom damaligen Alltag, daß sie Gegenstände und Umgebung des täglichen Lebens nennen oder zum Raten aufgeben. Voran stehen Tiere in Haus und Natur: der junge Stier, Hahn und Henne, das Stachelschwein, der Wolf oder Habicht, der Schwan, der Kuckuck, die Biene. An landwirtschaftlichen Geräten werden genannt: der Dreschflegel, der Hackstock, der Pflug; für Jagd und Krieg: das Horn, der Bogen, der Speer, der Waffenständer, der Schild; für die Fischerei: das Boot, der Anker, der Fisch, die Auster; für Feste: der Met, die Harfe, die Fiedel. Von elementaren Naturerscheinungen wird des Sturms auf See oder Land, des Erdbebens und des Gewitters gedacht.

Zweifellos richteten sich derartige realistische Rätsel an weltliche Hörer, im besonderen wohl an höfische Kreise, was in solchen Stellen hauptsächlich deutlich hervortritt, in denen der Wind mit einem Gefolgsmann (Nr. 4) oder der Anker mit einem Helden (Nr. 17) verglichen werden. Ein paar stehen mit gelehrter Beschäftigung (Buch, Büchermotte, Tintenhorn), mit der Kirche oder mit der Bibel in Zusammenhang und weisen erbauliche Züge auf.

In einigen — wie z. B. in dem vom Schwan oder von der Wolke — ist der Charakter eines Rätsels aufgege-

---

[2]) Das sog. ‚Erste Rätsel' erwies sich als Elegie (vgl. S. 31). Auch das 60. gehört aller Wahrscheinlichkeit nach nicht in die Sammlung, sondern bildet den ersten Abschnitt von *Des Mannes Botschaft* (vgl. S. 30).

[3]) Vgl. A. Taylor, *English Riddles from Oral Tradition*, Los Angeles 1951.

[4]) Zu den bisher ungelösten gehört z. B. das 9. Rätsel, dessen verschiedene Deutungsversuche A. Swaen in StN 14 (1942), 67 ff. aufzeigt. Neuere Diskussionen in: MLN 54 (1939), 259 ff.; 65 (1950), 93 ff.; N 26 (1941), 228 ff.; 27 (1942), 220; 29 (1945), 126 f.; 30 (1946), 126 f.; 31 (1947), 65 ff., 145 ff.; MÆ 15 (1946), 48 ff.; PMLA 63 (1948), 3 ff.; 64 (1949), 884 ff.

ben, so daß es eine Beschreibung oder ein lyrisches stimmungs- oder phantasievolles Gedicht darstellt. Zu den literarisch wertvollsten gehören die ‚Sturm'-Rätsel. In mehr als 100 Versen werden hier Naturphänomene in einzigartiger Weise so dramatisch geschildert, wie es sonst in der ae. Poesie nicht anzutreffen ist[5]).

2. Spruchdichtung

Neben den Rätseln gehören sicherlich die Spruchdichtungen zu den damals verbreitetsten literarischen Erzeugnissen. Auf ihr wahrscheinlich z. T. frühes Vorhandensein für die heidnische Zeit konnte bereits hingewiesen werden (vgl. S. 15 f.). Der in zwei Sammlungen (Exeter-Hs.; 206 Z.; MS. Cott. Tib. B I; 66 Z.)[6]) niedergeschriebene größte Teil ist aber wohl erst vom 8. Jh. ab zusammengestellt.

Wie die Rätsel, so unterscheiden sich auch die einzelnen Sprichwörter, Sentenzen, Maximen u. dgl. in der Länge (von Halbzeilen bis zu zwölf Versen) und im Gehalt. Neben den auf heidnische Zeiten deutenden primitiven stehen die in christliches Gewand gekleideten oder in christlicher Tradition wurzelnden. Zu den ältesten gehören wahrscheinlich die einfachen mit dem fatalistisch klingenden „soll" oder „ist": „Der Winter soll schwinden", „Das Schicksal (‚Wyrd') ist am mächtigsten, der Winter am härtesten", „Für den Toten ist die Ehre am besten" usw.[7]). Die Wendung „so soll auch" kennzeichnet längere Sprüche mit moralisierenden Verallgemeinerungen, und eine weitere Gruppe mit „irgend jemand" oder „mancher" diente in erster Linie christlichen Dichtern dazu, von den aufgeführten Fähigkeiten oder Erkenntnissen von „irgendeinem" auf die Kraft und den Ruhm Gottes zu verweisen.

Das gilt auch für den zum gnomischen Gedicht ausgeweiteten Spruch *Gaben der Menschen* (Exeter-Hs.;

---

[5]) Vgl. Ch. Kennedy, *The Earliest English Poetry*, Oxf. 1948, 140 ff.; E. v. Erhardt-Siebold in PMLA 64 (1949), 884 ff.

[6]) Über die Beziehungen der Sprüche in MS. Cott. Tib. B I zum *Menologium* derselben Handschrift (vgl. S. 61) vgl. L. Whitbread in StN 20 (1948), 192 ff.

[7]) An diesen Spruch klingt Bedas (673—735) fünfzeiliges *Sterbelied* an, das in der Wortwahl heidnisch, in der Absicht natürlich christlich und auf das Jüngste Gericht bezogen ist.

113 Z.). „Mancher“ ist reich oder stattlich, liederkundig oder beredt, ein Krieger, Schmied, Harfenspieler, Jäger, Seefahrer, Bücherschreiber u. a. m. Im Hintergrund aber steht Gott, der die Verschiedenheit so weise zur Bewahrung vor Übermut und Prahlerei gesetzt hat.

Das Gegenstück zu diesem Lehrgedicht mit der betonten Diesseitigkeit und Lebensfreude ist *Geschicke der Menschen* (Exeter-Hs.; 98 Z.). Hier wird die Aufzählung der Lebensberufe zu einer Reihe mannigfachen Leids. Hunger, Krieg und Wölfe sind die Schrecken der Zeit; Erblindung, Lähmung, schädliche Unfälle oder erzwungene Auswanderungen häufige Lose, der Galgen ein üblicher Anblick. Nur wenige Glückliche — darunter der Hofgoldschmied, der Hofsänger und der Falkner — heben sich aus dem Alltag heraus, und manchmal folgt auf eine harte Jugend ein glückliches Alter.

3. Elegien

Die „weltliche“ Literatur ist weiter durch die Gattung der Elegien[8]) vertreten. Daß auch sie beliebt war, scheint aus dem Vorhandensein von acht Klageliedern ersichtlich. Wenn sich auch die lange vertretene Ansicht, einige von ihnen seien Fragmente eines größeren Heldengedichts gewesen, nicht mehr halten läßt, so ist eine enge inhaltliche Zusammengehörigkeit zwischen einzelnen unverkennbar[9]). Die Trauer über den fernen oder verlorenen Geliebten ist das Thema, das drei von ihnen gemeinsam haben:

Die Klage der Frau (Exeter-Hs.; 53 Z.) stellt einen Monolog dar, in dem erstmalig in der ae. Literatur eine Frau spricht. Von ihrer Sippe verstoßen, lebt sie in einem Walde und bringt ihre Sehnsucht zu dem jenseits des Meeres weilenden Gemahl (oder Geliebten?) wehmütig in einsamer Natur zum Ausdruck.

Des Mannes Botschaft (Exeter-Hs.; 52 Z.) bildet das Gegenstück. Ein Bote überbringt mit einem Runenstab der Braut (oder Gattin?) seines Herrn den Wunsch,

[8]) Vgl. E. Grubl, *Studien zu den angelsächsischen Elegien*, Mbg. 1948.
[9]) Vgl. z. B. S. Liljegren in StN 14 (1942), 145 ff.

sobald der „traurige Kuckuck"[10]) rufe, in die neue Heimat, in die er fliehen mußte, zu folgen, nachdem er hier Thron und Reich gewonnen hat.

Wulf und Eadwacer (Exeter-Hs.; 19 Z.), das sog. ‚Erste Rätsel', ist ähnlich erschütternd wie die ersterwähnte Elegie. Auch hier schreit ein Frauenherz nach dem Geliebten (Wulf), von dem sie ein Kind hat und der jetzt auf einer unzugänglichen Insel haust, ähnlich wie die Klagende selbst, die nun neben Eadwacer leben muß, an den sie sich teils klagend, teils zornig wendet. Dies unter altnordischem Einfluß stehende Gedicht hebt sich nicht nur durch seine Leidenschaftlichkeit und durch die ergreifende Unmittelbarkeit von der übrigen ae. Lyrik merklich ab, sondern weist auch noch die äußerliche Sonderheit auf, in Absätze von wechselnder Zeilenzahl gegliedert zu sein.

Eine zweite Gruppe hat die Vergänglichkeit des Irdischen zum Gegenstand, ein bei den Angelsachsen beliebtes Thema, wie z. B. auch eingewobene Elegiestücke im *Beowulf*-Epos (Z. 2444 ff., 2231 ff. u. 2884 ff.) beweisen.

Der Wanderer (Exeter-Hs.; 115 Z.) beginnt mit einer sehr konkreten Schilderung persönlicher Erlebnisse, die er als ehemaliger Gefolgsmann hatte[11]). Nach dem Tode seines Herrn mußte er vereinsamt in der Fremde einen anderen suchen. In wehmütiger Erinnerung träumt er von ehemaligem Glück und sieht die Herrlichkeiten auf Erden schwinden. Der durch das Schicksal (‚Wyrd') hervorgerufene Stoizismus kann nur durch Hoffnung auf den Himmel überwunden werden.

Der Seefahrer (Exeter-Hs.; 124 Z.) schöpft zweifellos aus verschiedenen Vorlagen. Er schildert sprunghaft in sehr realistischer Weise das frühere leidvolle Leben auf dem winterlichen Meere, stellt es in Gegensatz zu dem Genußleben auf dem Lande und wünscht sich das alte, wenn auch mühevolle Dasein zurück, da es ihm

[10]) In der Kennzeichnung des Frühlingsvogels als „traurig" (wie auch in *Seefahrer* Z. 53 ff.) könnte sich die exakte Beobachtung widerspiegeln, daß der Kuckucksruf Ende Mai und Anfang Juni „rauh" wird. Vgl. Ch. Kennedy, a. a. O., 125.

[11]) Vgl. B. Huppé in JEGPh 42 (1943), 516 ff.; R. Lumiansky in N 34 (1950), 104 ff.; W. Owen in MLN 65 (1950), 161 ff.; St. Greenfield in JEGPh (1951), 451 ff.

den Weg zu Gott besser zu ebnen scheine als alle vergängliche irdische Herrlichkeit. Trotz mancher Differenzen zwischen den beiden Hauptteilen[12]) wird heute ein Verfasser mit kompilatorischer Arbeitsweise angenommen. Wegen der lyrischen Schönheiten, der Verherrlichung der Tapferkeit, der Bewegtheit der Stimmung und der Naturschilderungen gilt dies Lied neben dem *Wanderer* als die höchste dichterische Leistung der ae. Literatur[13]).

Das Reimlied (Exeter-Hs.; 87 Z.) hebt sich — wie der Titel andeutet — durch den neben der Alliteration stehenden Endreim — manchmal zweisilbig und über mehrere Zeilen ausgedehnt — von der übrigen ae. Lyrik ab. Es stellt wie *Der Wanderer* zunächst die Erinnerung an früheres Glück dem jetzigen Unglück einsamer Wanderschaft gegenüber. Dann schließt sich eine allgemeine, ganz klare Betrachtung über den Verfall alles Irdischen, über die Bitterkeit des Todes und über den Weg zum erhofften Himmel an.

Deors Trost (Exeter-Hs.; 42 Z.) enthält zwar auch eine Klage, nämlich die, seine Stellung, und damit sein Leben, an einen Nebenbuhler verloren zu haben[14]). Doch betonter als diese ist der über fünf Strophen ausgedehnte Trost an dem stets zu Ende gegangenen Leid alter Sagengestalten und -situationen. Wie „jenes Übel (bei früheren Sagenhelden) endete, so möge dies (d. h. des Dichters eigenes Leid) vorübergehen", ist der Refrain am Ende jeder Strophe.

Die Ruine (Exeter-Hs.; 48/49 Z.) schließlich ist ein Klagelied über den Verfall einer alten Stadt mit Steinmauern — höchstwahrscheinlich von Bath[15]). Hier fehlt die geistliche Belehrung, der Hinweis auf den christlichen Weg zu Gott. Von den übrigen Elegien unterscheidet sie sich auch dadurch, daß sie keinen Monolog darstellt. Der Gefühlsgehalt weicht infolgedessen von dem der anderen Vergänglichkeitsklagen ab.

---

[12]) Vgl. S. Liljegren in StN 14 (1942), 145 ff.

[13]) L. Schücking, *Kleines ags. Dichterbuch*, Lpz. 1933, 7.

[14]) Vgl. E. Grubl, a. a. O., 94 ff., ferner K. Malone in MPh 40 (1942), 1 ff. und L. Whitbread in MLN 55 (1940), 204 ff.; 57 (1943), 367 ff.; 62 (1947), 15 ff.

[15]) S. Herben vermutet den Wall Hadrians in MLN 54 (1939), 37 ff.

4. Heldengesänge

Daß die „weltliche" Literatur zwischen der heidnischen Zeit und Alfred (871—899) noch durch das Heldenepos vertreten war, wird durch *Beowulf*, in dem alte heidnische Ideale noch einmal hell aufleuchten, und durch ein paar Fragmente, von denen die *Finnsburg*- und *Sigmund*-Bruchstücke der vor-christlichen Periode sehr nahe standen, bewiesen. Und daß vereinzelt noch andere Heldenlieder aufgezeichnet wurden, zeigen die 1860 zufällig in Kopenhagen entdeckten *Waldere*-Fragmente (Kgl. Bibl. Kopenhagen-Hs. 167 b). Sie sind wohl einige Generationen nach *Beowulf* entstanden, haben wahrscheinlich ebenfalls einen Geistlichen als Verfasser und deuten durch die Breite der erhaltenen zwei Stücke von 32 und 31 Versen auf einen größeren Umfang als jenes[16]. Die Fragmente, in denen als Eigennamen Attila, Gunther, Walther und Hagen genannt werden, lassen sich bequem in den sonst bekannten Verlauf der sehr romantischen Sage von dem in Aquitanien heimischen Westgoten Waldere einreihen, deren wichtigste Version der auf ältere lateinische Quellen zurückgehende *Waltharius* des Mönchs Ekkehard († 973) von St. Gallen ist.

Alle anderen Heldenlieder dieser Zeit sind verloren, wofür der Umstand, daß sie weniger als die übrigen Dichtungsarten für eine bequeme christliche Verbrämung tauglich waren und einen Geistlichen mit antiquarischem Interesse erforderlich machten, gewiß nicht ohne Belang ist. Diese Gattung war noch bis ins 10 Jh. hinein lebendig, wie sich an solchen Heldenliedern, die die Schlacht bei Brunanburh (937) oder Maldon (993) zum Gegenstand haben (vgl. S. 58 f.), erweist.

Das Hauptkennzeichen der nachheidnischen „weltlichen" Dichtung der anglischen Blütezeit ist die in den verschiedenen Gattungen mehr oder weniger hervortretende Tendenz zum Realismus. Davon zeugt die Lenkung der Aufmerksamkeit auf einzelne Gegenstände, Tiere, Beschäftigungen, Naturphänomene usw. und deren Beschreibung sowohl in einem großen Teil der Rätsel als

[16]) Vgl. dagegen F. Magoun in MLN 59 (1944), 498 f.

auch in den Elegien. Im *Wanderer* und *Seefahrer* heben sich die einprägsamen Winterseebilder und die anschaulichen Winterlandschaften heraus, im letzteren daneben die realistische Darstellung des alternden Mannes. Das Meer spielt auch in der *Botschaft* und in der *Klage der Frau* eine betonte Rolle. Nicht nur für das Auge, sondern auch für das Ohr geben die Verfasser ihre anschaulichen Schilderungen. Und wo es — wie im *Reimlied,* der *Ruine,* in *Deor* und in *Wulf und Eadwacer* — dazu nicht kommt, tritt mindestens ein starker, auf genauer Anschauung beruhender Bilderreichtum hervor, was ebenfalls für viele Sprichwörter zutrifft.

Mit der Hinwendung zum einzelnen Objekt der Umgebung geht die zum Individuum Hand in Hand. Das persönliche Erlebnis und die damit verbundenen Gefühle, durch die einige der wertvollsten ae. lyrischen Stücke entstanden, werden zum Thema. In der individuellen Klage der Elegien fand es seinen deutlichsten Niederschlag. Meistens stimmen die zunächst von Lebensbejahung zeugenden Erinnerungsbilder an bessere Zeiten oder die Betrachtung des vergänglichen Irdischen, von dem ganz gelegentlich einmal die trübsten Seiten des Alltags *(Geschicke der Menschen)* erwähnt werden, schwermütig — ein Zug, der der übrigen germanischen Dichtung fremd ist und der als keltischer Einfluß erklärt wird. Aus dieser Schwermut rettet entweder die Hoffnung auf Beendigung des Leids oder auf Gott. Die heidnische Auffassung von der ‚Wyrd' als allein wirkender Schicksalsmacht hat aufgehört (vgl. S. 26). Der Angelsachse der früh-christlichen Zeit beugt sich dem „Schicksal" als einem mehr oder weniger fügungshaften Ereignis und sucht Zuflucht im christlichen Himmel.

Beachtenswert ist bereits in dieser frühen Zeit das didaktische Element. Daß viele gnomische Dichtungen Lehren des „gesunden Menschenverstandes" darstellen, versteht sich; und daß wiederholt die Elegien wie auch das *Beowulf*-Epos zum christlichen Leben hin belehren wollen, beweist auch hier, wie die Geistlichkeit um die Ausbreitung der christlichen Gedanken bemüht war. Davon zeugt jedoch in viel umfassenderer Weise die kirchliche Literatur der anglischen Epoche, die die Hauptmasse der damaligen literarischen Erzeugnisse bildete.

B. Kirchliche Dichtung

1. Hymnen

Am Anfang der ae. geistlichen Literatur steht der erste, dem Namen nach überlieferte Dichter Cædmon, der in der zweiten Hälfte des 7. Jhs. lebte. Beda hielt es für wichtig genug, über ihn und seine Kunst zu berichten (vgl. S. 18).

Erhalten ist von seinen Werken, die von Mönchen niedergeschrieben wurden, nur sein erster, durch eine Erleuchtung hervorgerufener *Hymnus*. In den neun Versen besingt Cædmon den Schöpfer sowie die Erschaffung des Himmels und der Erde. Die Gedanken stimmen zu Psalm 136, 1—6 und mögen bei der Dichtung leitend gewesen sein. Die Schau ist jedoch noch keineswegs biblisch: Gott erscheint als „Himmelswart", der mit „fürstlicher" Freigebigkeit seine Spenden austeilt. Der Form nach folgt Cædmon der ihm geläufigen des weltlichen Preisliedes (vgl. S. 18). Er übernahm auch die üblichen Stilmittel, vor allem die Variationen und Wiederholungen desselben Begriffs in veränderter Gestalt („Gott" wird achtmal abgewandelt!)[17]).

Die Vereinigung altgermanischer Technik mit christlichem Inhalt, die Verbindung „geistlichen" Gehalts mit „weltlicher" Form, stehen also am Ausgangspunkt der ae. religiösen Buchdichtung, die nicht mehr zum Vortragen, sondern zum Vorlesen bestimmt war.

Neben Cædmons Bearbeitungen alttestamentlicher Bücher bezeugt Beda anglische Nachahmungen. Dazu gehört möglicherweise der in zwei Epen (*Daniel* Z. 363 bis 409 und *Azarias* Z. 73—161) stehende *Hymnus der drei Jünglinge im Feuerofen*, ein Lobgesang zum Preise des Schöpfers auf alles, was Himmel und Erde birgt.

Was sonst noch an hymnenartigen Dichtungen bis zu Alfreds Zeit (871—899) erhalten ist, entfernt sich immer mehr von Cædmon. Etwa ein Jahrhundert später, nachdem sich die Kirche der ae. Sprache bemächtigt hatte, war die Entwicklung des christlichen Lobliedes so weit vorgeschritten, daß neutestamentliche Stoffe in einer dem Wesen des germanischen Menschen fremden Dog-

---

[17]) Vgl. C. Wrenn, *The Poetry of Cædmon*, Ldn. 1947.

matik behandelt werden konnten, wie das im *Christ I* (Exeter-Hs.; 439 Z.) geschieht. In zwölf Hymnen werden hier im Anschluß an die lateinischen Vorlagen und mit dichterisch-schöpferischen Erweiterungen die Geburt und Menschwerdung Christi gepriesen, wobei der Gebrauch veralteter Wörter und Wendungen zu einer Zeit, wo ein neuer Wortschatz zur Verfügung stand, auffällt.

Eine weitere Verwischung des ursprünglichen Hymnencharakters kann an der Dichtung *Christi Höllenfahrt* beobachtet werden, deren Hauptgegenstand die Ankündigung und Begrüßung Jesu in der Vorhölle durch Johannes d. Täufer ist. Bei der Lobrede ist im Vergleich zu demselben Thema im apokryphen Nicodemus-Evangelium die Gefolgschaftsidee betont. — Noch mehr gilt das vom zweiten und dritten Teil des *Christ und Satan* (MS. Jun. XI; 733 Z.). Christus befreit seine Getreuen aus der Vorhölle und verschafft ihnen im Himmel dauernde Freude. Um der Erlösung willen kämpft er 40 Tage lang mit dem Teufel wie ein Fürst für seine Gefolgsleute. Verglichen mit der farbigen und gefühlswarmen lyrischen Fassung der Exeter-Hs., wo als alte Eigenart der Lyrik die Wiederholung bedeutsamer Verse hervortritt, mutet die der Junius-Hs. episch an. Der Erzählton hat das Lyrische überwuchert, das ursprüngliche Preislied ist dem Epos nahegerückt.

2. Gnomik

Die Gnomik findet außer in dem am Rande erscheinenden christlichen Gedanken in *Gaben der Menschen* und *Geschicke der Menschen* (vgl. S. 29 f.) ihr geistliches Echo in zwei erbaulichen Lehrsprüchen, in denen noch alte heidnische Tradition fühlbar ist.

Die *Wunder der Schöpfung* (Exeter-Hs.; 102 Z.) tragen die Erschaffung von Himmel und Erde, den herrlichen Tageslauf der Sonne und die — innerhalb ihrer von Gott gesetzten Grenzen — besonderen Verhaltungsweisen von Luft, Land und Wasser vor. Um auch an den Himmelsfreuden der Seligen einmal teilhaben zu können, mögen die Menschen der eitlen Lust und Wonne des vergänglichen Erdenlebens entsagen.

Nach Berufung auf einen buchgelehrten Weisen der Vorzeit, von dem der Dichter gelernt habe, Gerechte und Sünder zu scheiden, wird in *Der Menschen Gemüt* (Exeter-Hs.; 84 Z.) der Übermut, wie er sich beim Gelage und Saaljubel der Helden zeige, als Sünde geschildert. Demgegenüber sind Demut und Feindesliebe empfohlen.

3. Epen

a) Die Cædmon-Schule

Von den überlieferten christlichen Epen ist die *Ältere Genesis* (MS. Jun. XI; 2317 Z.)[18]) zeitlich das erste der Cædmon-Schule. Nach dem Sturz der Engel werden alle Begebenheiten von der Schöpfung der Welt bis zur Opferung Isaaks in alliterierenden Versen erzählt. Nur wenige theologische Zutaten fügt der gläubige Dichter ein, und nur bei Annäherung des Themas an Schlachtschilderungen (Engelsturz, Abrahams Kämpfe u. a.) oder bei Naturdarstellungen bewegt er sich freier und weckt Erinnerungen an Heldenlied und Elegie.

Auch die christliche Epik beginnt also — wie die Hymnik — mit dem Thema der Weltschöpfung, das gleichzeitig germanisch, antik und christlich war, was für die vermittelnde Rolle des Christentums gegenüber heidnischem Denken auf britischem Boden und für die künftige Verschmelzung von Germanentum, Antike und Christentum bezeichnend ist.

Im Vergleich zu der buchmäßig Vorgang um Vorgang berichtenden *Genesis* wirkt das *Daniel*-Epos (MS. Jun. XI; 764 Z.) dadurch geschlossener, daß es eine Mittelfigur aufweist. Der Tradition des Heldenliedes folgend, wird in breiter Einleitung vom glücklichen Leben der Mosesgeschlechter, von den Kriegstaten Nebukadnezars und von der Zerstörung der hebräischen Schatzburgen berichtet.

Ausgiebiger als hier werden die Gelegenheiten zu Betrachtungen und Erbauungen im *Azarias*-Epos (Exeter-Hs.; 191 Z.) benutzt, dessen Hauptstück das Ofenwunder und Nebukadnezars Reaktion darauf ist.

Den Höhepunkt der erhaltenen biblischen Epik bildet der wohl ins 9. Jh. gehörige *Exodus* (MS. Jun. XI; 589 Z.). In ihm weitet der in der mittellateinischen und ae.

---

[18]) Vgl. R. Menner in A 70 (1952), 285 ff.

Literatur bewanderte Dichter 35 Bibelverse über den Auszug der Israeliten aus Ägypten zu einem Epos von beinahe 600 Langzeilen aus. Im Sinne der Spielmannsepik steht hier Moses als der ideale Volkshüter und große Kriegsheld im Mittelpunkt. Mit Handlungen gegen Pharao beginnt sein Auftreten, mit einem Ausblick auf ein Biergelage und mit der Teilung der Beute bricht das Fragment ab. Charakteristisch sind die breiten Beschreibungen, die zahlreichen Variationen und die Neubildungen christlicher Ausdrücke. Das Streben nach Pathetik und Rätselhaftem führt dieses Epos so weit von der *Genesis* mit ihrem sachlichen Stil ab, daß manche dunkel gehaltenen Stellen nur mit Hilfe der Bibel aufgehellt werden können. Für realistische Bilder der Wirklichkeit ist kein Platz mehr[19]).

b) Cynewulf

In der weiteren Entwicklung der kirchlichen Epik traten neben die Helden immer mehr die Heiligen, neben die Kampftaten die himmlischen Wunder, neben die sinnfälligen Vorgänge die seelischen Begleiterscheinungen. Die ältere freie Form wurde durch eine kunstmäßige — an lateinischen Quellen ausgerichtete — ersetzt. Die Alliterationszeilen wichen mehr und mehr gereimten Versen mit regelmäßig wechselnden Hebungen und Senkungen.

In dieser Richtung liegen die epischen Legendenerzählungen des zweiten mit Namen überlieferten ae. Dichters: Cyn(e)wulf. So sind durch Runen und Runenwörter vier Werke — *Juliana, Christ II, Elene* und *Schicksale der Apostel* signiert. Die wechselnde Form mit oder ohne e gibt für des Dichters Lebenszeit das letzte Viertel des 8. Jhs. als Anhalt. Aus den Werken ist ferner zu erschließen, daß Cynewulf zum Stamm der Angeln gehörte, große theologische Kenntnisse aus den Quellen direkt besaß und schreiben konnte, höchstwahrscheinlich also Geistlicher war.

Juliana (Exeter-Hs.; 731 Z.) ist als sein Erstlingswerk zu betrachten. Nach einer Beschreibung der Christenverfolgungen unter dem römischen Kaiser Maximilian

[19]) Vgl. H. Marquardt in A 64 (1940), 152 ff.

schildert der Dichter die Leiden Julianas, die ihr als Christin durch die Verweigerung der Ehe mit dem Heiden Heliseus (= Eleusius aus Nicomedien) entstehen. Doch neben der Leidenden stellt der Autor in derselben Frauengestalt gleichzeitig die heroische handelnde Heldin dar. Auch durch einige Anspielungen auf alte Kriegsgewohnheiten und durch konventionelle Terminologien aus dem Bereich von Schlachtszenen versucht er den Kontakt mit der Heldensphäre zu wahren.

Dasselbe geschieht in *Elene* (Verc.-Hs.; 1321 Z.), und zwar in reiferer Weise, da dieses Epos ein späteres — wahrscheinlich das letzte — Werk Cynewulfs war. Auch in dieser Legende, welche die mit dem Kreuzerhöhungsfest zusammenhängende Geschichte der Auffindung des wahren Kreuzes Christi durch Helena, die Mutter Konstantins, zum Gegenstand hat, wird eine Frau heroisiert. Das Bemühen um eine Annäherung an das ae. Heldenlied ist trotz des religiösen Themas deutlich. In der stellenweise freien Darstellung des Stoffes, in der ausführlichen realistischen Schlacht- und Seereiseschilderung und in der betonten Ausmalung von Elenes Kampf gegen die Juden zeigt sich das entwickelte dichterische Können.

Christ II (Exeter-Hs.; 427 Z.) basiert nicht auf Legendenstoffen, sondern auf Homilien Gregors d. Gr. († 604) und auf einer Hymne Bedas. Auch hier zeigt sich die dichterische Kraft in der recht freien Gestaltung der Vorlagen. Thema ist die Himmelfahrt Christi, und diese dient als Anlaß zu langen Betrachtungen über die Bedeutung des Heilswerks für den Menschen und als Mahnung, Lehren aus den Schrecken des Jüngsten Gerichts zu ziehen. Die Anfangsverse richten sich an einen „erlauchten Mann", dessen Identifizierung bisher nicht gelungen ist. Das wahre Künstlertum des Dichters tritt besonders deutlich in den sehr anschaulichen Seebildern hervor, von denen das beste dieses Werk abschließt.

Auch die *Schicksale der Apostel* (Verc.-Hs.; 122 Z.) wahren den engen Anschluß an die ae. heroische Tradition. In den ersten 95 Versen stellen sie das Märtyrertum der zwölf Jünger Christi dar. Die Mission der Apostel wird in einem harten Kampf zwischen kühnen und standhaften Kriegern erfüllt, der Märtyrertod als glorreiche Überwindung der Getreuen durch dunkle und böse Kräfte gesehen. Nur die letzten 27 Verse, die die Runen und die zweimalige Aufforderung an die Apostel zum Gebet für des Dichters Seele enthalten, lassen Cynewulf persönlich hervortreten, im Unterschied zu seinen anderen Werken jedoch ohne den gewohnten lebhaften und schöpferischen Gedankenflug.

An die Stelle der unpersönlichen Hymnik Cædmons und seiner Schule tritt bei Cynewulf das persönliche Bekenntnis zu den christlichen Glaubenslehren, die ihm aus der kirchlichen lateinischen Literatur wohlbekannt waren, und aus der Furcht vor dem Jüngsten Gericht folgt die Bitte um sein Seelenheil.

Aber neben ihm, als dem gläubigen Christen, steht seine Dichterpersönlichkeit mit dem offenen Blick für die Schönheit der Welt — im besonderen die Liebe zum Meer — sowie für die Menschen mit ihren Nöten und auch mit ihren alten Heldenidealen. In dem Versuch, beide Seiten miteinander zu verschmelzen, liegt des Dichters Eigenart. Daß dabei eine Verwässerung des ehemaligen ae. Gedankenguts eintrat, liegt auf der Hand. Wenn Cynewulf auch die Augen vor Grausamkeiten und Blutvergießen nicht verschloß, so sind doch im ganzen weichere Züge als im Heldenlied oder weltlichen Epos zu beobachten. In den Mittelpunkt zweier Dichtungen stellte er Frauen als Mischung von christlicher Duldung und germanischem Heldentum.

In der dichterischen Darstellung versiegte die ursprüngliche Kraft ebenfalls zugunsten einer an der lateinischen Literatur orientierten Künstlichkeit, die sich vor allem in geistreichen Wortspielen, parallelen Aufzählungen und Abstraktionen äußert. In den strengeren früheren Stabreimstil drang die sich manchmal über mehrere Zeilen erstreckende Endreimkunst.

c) Die Cynewulf-Schule

Außer den durch Cynewulf mit Runen gekennzeichneten christlichen Epen sind einige andere erhalten geblieben, die einmal ebenfalls als Werke dieses Dichters galten. Nach den neuesten Forschungen stehen ihm *Die Vision vom Kreuz* und *Guthlac B* besonders nahe, während *Guthlac A, Andreas, Der Phoenix* und *Christ III* nicht von Cynewulf stammen können[20]), wohl aber wegen ihrer Verwandtschaft mit den erstgenannten ebenfalls zur Schule dieses Dichters zu zählen sind.

Die Vision vom Kreuz (Verc.-Hs.; 156 Z.) behandelt ein Thema, das auch in Cynewulfs *Elene* berührt wurde (vgl. S. 39) und dem wohl eine im Anschluß an die Einführung des Kreuzerhöhungsfestes im Abendland durch Papst Sergius (701) verbreitete Tradition zugrunde lag.

Der dogmatische Inhalt, daß das Kreuz, da es das Blut Christi einsog, an dessen Gnadenmacht teilhat und dem Gläubigen in den Himmel helfen kann, ist in einem Traumgesicht vom Dichter dargestellt. Er sieht es handeln, hört es seine Geschichte von der Zeit, wo es ein Waldbaum war, bis zur Kreuzigung des Heilands erzählen, und zwar als treuer Gefolgsmann Christi, der sich selbst als junger Held zum Kampf für die Seinen rüstet, als Himmelskönig fällt und durch ein Leichenlied beklagt wird. Die angeschlossene Bitte des Verfassers an das Kreuz, ihm zu Gott zu verhelfen, erinnert besonders stark an Cynewulf. Dagegen geht die glückliche Verquickung der verschiedenen Strömungen — christliche und heidnische, dogmatische und freie dichterische, realistische und schwärmerische — über dessen Können hinaus.

Guthlac B (Exeter-Hs.; 562 Z.) hat als Vorlage wahrscheinlich Übersetzungen einer um 748 verfaßten lateinischen Vita über den englischen Eremitenheiligen Guthlac († 714). Besonders die Todesszene mit den Meditationen, die stark an den *Wanderer* erinnern (vgl. S. 31), ferner die eindrucksvollen Naturbilder und gewisse heroische Klänge weisen auf die Art Cynewulfs hin.

Dagegen steht ihm der ältere Teil *Guthlac A* (Exeter-Hs.; 818 Z.) ferner. Als Muster für Fromme schildert der unbekannte Verfasser, hauptsächlich wohl mündlicher Tradition folgend, Leben und Leiden des im

---

[20]) Vgl. C. Schaar, *Critical Studies in the Cynewulf Group*, Lund 1949.

Kampf mit Dämonen stehenden, angeblich zeitgenössischen Eremiten, der schließlich von Bartholomäus gerettet und auf seinen Befehl als Heiliger in die Einsiedelei zurückgebracht wird, wo ihn alle Tiere der Nachbarschaft bewillkommnen. Der hier erstmals erscheinende, Askese fordernde, mönchische Ton, das häufige und ausgedehnte Verweilen bei Seelenzuständen und die Betrachtungen über korrupte Verhältnisse in Klöstern entsprechen ebensowenig der Art Cynewulfs wie der dichterische Stil.

Die einstige Ansicht, auch im *Andreas*-Epos (Verc.-Hs.; 1722 Z.) Cynewulf als den Urheber zu sehen, mußte ebenfalls inzwischen aufgegeben werden.

Der Autor erzählt, wie Andreas auf Gottes Geheiß Matthäus aus den Händen der menschenfressenden Myrmidonen befreit und wie diese durch eine Sintflut bekehrt und von Andreas unterrichtet werden. Bei der Betrachtung der Darstellung dieses Inhalts fallen häufige Parallelen mit dem *Beowulf*-Epos so ins Auge, daß der Gedanke an dessen Einfluß auf *Andreas* nahegelegt wurde. Wenn auch die daraus, sowie wegen anderer äußerlicher Übereinstimmungen und wegen des Hineintragens von Anschauungen des Gefolgschaftswesens entstandene Bezeichnung „christlicher Beowulf" für *Andreas* beiden Epen nicht gerecht wird[21]), so beweisen doch diese Parallelen ebenso wie die zum *Exodus* (vgl. S. 37) ein gewisses Schema, an dem beide Epenarten — das sog. weltliche und das christliche — teilhatten, woraus der wahrscheinliche Sprung vom geistlichen zum *Beowulf*-Epos (vgl. S. 20 f. und S. 23 f.) um so leichter verständlich wird. Auch parallel anmutende, z. T. sehr lebhafte realistische Einzelschilderungen sind doch wohl als stereotype Themen allgemeiner literarischer Tradition zu werten. Daß sie im *Andreas* besonders effektvoll ausgestattet und angeordnet wurden, beweist des Verfassers Gestaltungskraft, wie es gleichfalls die spannungsreiche Darstellungsweise und die geschickten Personifikationen tun (Hunger = der bleiche Tischgenosse; Frost und Reif = weißhaarige Krieger). An Cynewulf reicht sie jedoch nicht heran.

---

[21]) Vgl. L. Peters in PMLA 66 (1951), 844 ff.

Der Phoenix (Exeter-Hs.; 677 Z.) dagegen geht über dessen Können wieder hinaus. Schon die lateinische Vorlage war eine im Sinne christlicher Symbolik gestaltete Abwandlung der antiken Sage von dem Wundervogel, der das Paradies verlassen hat, aber durch den Weltbrand am Jüngsten Tage dorthin zurückkehrt. Der ae. Dichter geht noch einen großen Schritt weiter und fügt seiner Vorlage eine christliche Allegorie der Auferstehung an (Z. 381—661): Der Flug des Phoenix aus dem Paradies symbolisiert die Vertreibung Adams und Evas; der Baum im fremden Lande, in dem der Vogel sein Nest baut, stellt Gottes Gnade den Menschen gegenüber dar; die Kräuter und wohlriechenden Blumen, mit denen der Phoenix sein Nest schmückt, entsprechen den guten Taten eines rechtschaffenen Lebens; das Feuer, welches das Nest entzündet, ist gleich dem Feuer des Jüngsten Gerichts; die Rückkehr des Vogels versinnbildlicht die Auferstehung zu ewigem Leben. Die Identifizierung des Phoenix mit Christus (Z. 642—54) vervollkommnet schließlich die Allegorie in christlichem Geiste.

Gegenüber den sonstigen winterlich düsteren Naturbildern in der germanischen Heldenepik wird hier erstmals mit kräftigen Farben eine Ideallandschaft der Antike ausgemalt, eine selige Insel, auf der die Blumen dauernd blühen und die Früchte nie zu reifen aufhören. Hier gibt es weder Regen noch Schnee, weder Kälte noch Hitze, weder steile Berge noch Klippen, weder Armut noch Krankheit noch Tod. Neben der Wahrung altheimischer Vorstellungen vom Heldenleben, neben dem Bemühen um zugespitzte Gegensätze und um Einbeziehung des Endreims erinnert vor allem die Kontrastierung der Zerstörung der Erde durch die Sintflut mit der durch das Feuer am Jüngsten Tage (Z. 41—49) an eine gleichartige Stelle in *Christ II* (Z. 805—14), also an Cynewulf.

Von einer Darstellung aus dem Tierleben, die — neben solchen der Natur allgemein — in der mittelalterlichen Literatur als *Physiologus* bezeichnet wurde, ist ein allegorisierendes Fragment (Exeter-Hs.; 179 Z.) erhalten, das ebenfalls zur Cynewulf-Schule zu rechnen ist. Es bezieht sich auf den Panther, den Walfisch und das Rebhuhn. Der gute Panther wird mit Christus in Parallele gesetzt. Der Walfisch, der unachtsame Seeleute zur Landung veranlaßt, weil sie an einer Insel zu sein glauben, repräsentiert den verlockenden Teufel und seine Helfer. Die didaktische Absicht tritt besonders stark hervor.

Der gleichen Schule ist schließlich noch *Christ III* (Exeter-Hs.; 796 Z.) zuzuschreiben. Mit besonderer dramatischer Kraft und Leidenschaft ist hier der Weltbrand dargestellt: Feuer ergreift die Menschen, die Felder brennen, die Städte stürzen ein, die Berge schmelzen dahin, die Vögel verkohlen, die Fische verschmachten. Dann setzt das Jüngste Gericht ein. Die Guten werden die Gefilde der Seligen bewohnen, die Verdammten aber wird Grauen packen. Des Dichters Stärke liegt weniger in eigenen Ideen, als in der Darstellung sehr wirksamer greller Gegensätze und in einer Sprachgewandtheit und realistischen Anschaulichkeit, wie sie bei Cynewulf nur selten auftritt. Die Tradition des Heldengesanges ist bis auf einige stereotype Ausdrücke geschwunden.

Zeigte schon die „weltliche" Literatur der anglischen Epoche eine starke Durchdringung mit christlichem Geist, so entfaltete sich dieser von Cædmon bis zur Vernichtung der anglischen Kultur durch die „Dänen" (866—870) in der von der Kirche inspirierten und geförderten Dichtung zu vollen Blüten.

Die kirchliche Dichtung begann mit der Wiedergabe alttestamentlicher Stoffe. Dazu kamen durch Cynewulf und seine Nachahmer[22]) neutestamentliche Inhalte; und nachdem die Bibel mit ihren mannigfachen Anregungen ausgeschöpft war, wurden die Apokryphen, Kirchenväter und die Heiligenleben[23]) herangezogen. Die Bibel und darüber hinaus die internationale theologische

[22]) Daß es außer Cædmon und Cynewulf noch andere führende englische Dichter gab, wird durch solche Dichtwerke nahegelegt, deren Zuweisung zu einer der beiden „Schulen" schwierig ist, und wird z. B. durch Bruchstücke wie das im *Exodus* eingeschobene Fragment eines Epos über *Noah und andere Patriarchen* (Z. 362—445) bewiesen.

[23]) Vgl. über verlorene Heiligenleben R. Wilson in MLR 36 (1941), 161 ff.

Literatur in lateinischer Sprache stellten also die alles beherrschenden Stoffquellen für die anglische Dichtkunst dar.

Der Form nach entstanden zu den bereits vorhandenen Gattungen neue in den Kunsträtseln, dem Buchepos, der Legende, der Vision und der Allegorie. In der Darstellung wurde den ehemaligen heidnischen Heldenidealen weitgehend Rechnung getragen. Moses und andere Israeliten, die zwölf Apostel und Christus erscheinen als Herren und Fürsten an der Spitze ihrer Gefolgschaften und spiegeln alte Heldentugenden wider. Selbst Frauen wie Juliana und Elene werden heroisiert. Erst allmählich wird aus dem Helden ein Heiliger, aus dem Kampf ein Wunder, und aus einem sinnfälligen Vorgang eine gedankliche Reflexion. Die Auffassung des Wunders ging dabei von unerwarteten einzelnen Ereignissen, die gewaltsam das Augenmerk auf das Jenseits lenken und bekehren möchten *(Ältere Genesis)*, über die von vornherein als wunderbar aufzufassenden Personen oder Dinge, die ständig mit besonderer göttlicher Gunst und Gnade verbunden sind (Cynewulf), zu der in der gesamten Welt allgemeinen Offenbarung des Göttlichen als einem großen Wunder *(Daniel, Exodus, Kreuzvision, Guthlac)*[24]).

Die schon bei der „weltlichen“ Dichtung dieses Zeitabschnitts zu erkennende didaktische Tendenz erfuhr bei den kirchlichen Gattungen eine starke Akzentuierung und weitete sich häufig zu langen didaktischen Anweisungen aus. Das Irdische sank zum Zweitrangigen — zur Vorstufe für das Jenseits — herab. Das bedeutete üblicherweise keineswegs eine Abkehr von der Welt oder gar deren Nichtachtung. Der mönchisch-asketische Ton in *Guthlac A* ist die Ausnahme zur Regel, wahrscheinlich unter direktem iro-schottischen Einfluß (vgl. S. 34). Die Kategorie der Rätsel, viele Sprüche und die Heldenlieder der „weltlichen“ Dichtung beweisen das ebensosehr, wie die auf persönlicher Anschauung beruhenden Naturbilder und Situationsschilderungen in den meisten geistlichen Epen und Legenden, z. T. auch in den Lehrsprüchen.

---

[24]) Vgl. E. Gross, *Das Wunderbare im altenglischen geistlichen Epos*, Diss. Frankf. 1940.

Neben dem in den Elegien hervortretenden fremdartigen, schwermütigen Zug ist jedoch häufiger eine hoffnungsfrohe Stimmung festzustellen, die ihren Höhepunkt im *Phoenix* erreichte. Die christliche Aussicht auf den Himmel verklärte den harten Existenzkampf der damaligen Jahrhunderte, von dem uns einmal auch ein literarisches Werk kündet *(Geschicke der Menschen)*. Der Gläubige konnte sich im Schoß der mächtigen Kirche geborgen fühlen.

Parallel mit den durch das mittelalterliche lateinische Schrifttum angeregten neuen Gattungen kam eine ebenfalls durch sie bedingte neue Metrik auf. In die altgermanische Alliterationstechnik (vgl. S. 25) drang die des Endreims. Und mit der veränderten Reimtechnik verband sich ein bis in die Wortwahl und Wortfolge wirksamer neuer Stil, wobei viele alte Wörter mit der fortschreitenden Christianisierung ihre ursprüngliche Bedeutung einbüßten und z. T. nur noch stereotyp verwendet wurden.

Trotz der Übernahme von ehemaligen Gedanken, Lebensanschauungen und Formen hebt sich die anglische Blütezeit vom vorangehenden heidnischen Zeitalter entscheidend ab. Das Christentum ersetzte das alte heroische Heldenideal (vgl. S. 26) durch das eines friedlichen Gläubigen und Dulders. An die Stelle des Ruhms bei der Nachwelt durch ein heroisches Leben trat die Hinwendung zum Himmel. Aus der selbständigen lebenerhaltenden oder todbringenden ‚Wyrd' war eine dem allgewaltigen Gott untergeordnete Macht geworden, die Übel erzeugte.

Das einstige aristokratische Kulturzentrum des Hofes mit seinen auf Gefolgschaftstreue und Hochachtung vor dem größeren Helden aufgebauten System trat in Wettbewerb zu dem demokratisch ausgerichteten Kulturzentrum im Kloster. Hier in der Klosterzelle gewann die buchmäßige Bildung die Oberhand gegenüber den direkten persönlichen Erlebnissen in der Welt. Dem urwüchsigen ‚Skop', der Männer erfreuen und unterhalten sollte, trat ein verfeinerter Dichterstand entgegen, der moralisierte und Gläubige heranbilden wollte. Die germanische Welt erweiterte sich durch den Verkehr mit der antiken Kultur und der orientalischen

Phantasiewelt. Germanentum, Klassik und Christentum gingen eine Verbindung ein, durch die manches Arteigene verschüttet, manche neuen, für das Abendland entscheidenden Werte dagegen gegeben wurden.

3. Kapitel

DIE ZEIT ALFREDS

(871—899)

Nachdem die während des 7. und 8. Jhs. zur hohen Entfaltung gekommene Dichtkunst im Angelnreiche durch die Einfälle der Skandinavier (866—70) erstickt worden war, begann im Süden Britanniens ein neuer, andersartiger Abschnitt der ae. Literatur. An seinem Anfang steht der größte ae. König, Alfred (871—899), der als Feldherr die Voraussetzung für die Dichtkunst in einem gegen die heidnischen Skandinavier gerichteten südlichen Angelsachsenreiche mit der Hauptstadt Winchester schuf, und der als weitblickender Staatsmann der Förderer einer südbritannischen Kultur wurde.

Auf Grund der richtigen Erkenntnis für das, was seine Landeskinder nach den schrecklichen Wirren der 60er Jahre zur Meisterung des Lebens und für die Selbstbesinnung am meisten benötigten, knüpfte er unmittelbar an die Quellen der nationalen Kultur im frühen 8. Jh., also an Beda (673—735), an[1]).

Durch die Heranziehung gelehrter Angelsachsen sowie des Flamen Grimbald aus St. Omer, des Altsachsen Johann v. Corvey u. a. m. trug er zur Schaffung und Pflege der Prosa bei, die von dann ab, im Unterschied zu den beiden voraufgehenden Perioden, die künftige ae. Literatur beherrschte. Da sich bis zu Alfreds Zeit das bewußte dichterische Schaffen in Versen ausdrückte, hat alles, was bis dahin in Prosa aufgezeichnet worden war, zwar sprachhistorischen und kulturgeschichtlichen, kaum aber literarischen Wert. Auch die Sammlung der sog. *Angelsächsischen Annalen* („Sachsenchronik"), die die Absicht verfolgte, über das Lokalinteresse verschie-

[1]) Vgl. H. Glunz, *Nationale Eigenart im mittelalterlichen Schrifttum Englands*, in: ‚Grundformen der englischen Geistesgeschichte', Stuttg. 1942.

dener sog. ‚Ostertafeln'[2]) hinaus die wichtigsten Begebenheiten darzustellen, die sich seit dem Zusammenstoß mit den Römern in Britannien ereignet hatten, ist bis zu Alfred ohne literarisches Interesse.

Für Alfred gab es also keine ae. Prosatradition, an die er hätte anknüpfen können. Um so höher sind seine Verdienste anzuschlagen, die er sich als erster Nichtkleriker um die englische Literatur erwarb, ganz gleich wie groß sein Anteil im einzelnen an den von ihm und seinen Mitarbeitern herausgebrachten Werken dabei gewesen sein mag.

1. Geschichtliche und philosophische Prosa

Um den Angelsachsen ihre eigene Vergangenheit vor Augen zu führen, wurde Bedas *Historia Ecclesiastica Gentis Anglorum* unter Fortlassung vieler Sätze und ganzer Kapitel und mit geringfügigen Zutaten übersetzt. Der Ergänzung dazu diente die Übertragung der *Weltchronik* des spanischen Mönches Orosius. Was eventuell als schlechtes Beispiel dienen konnte, wurde fortgelassen; dagegen alles, was Gerechtigkeit, Menschenliebe, Untertanentreue, Tapferkeit und Heimatliebe unterstrich, ausführlich hervorgehoben. Beachtenswert ist das Bemühen, das Werk durch Einbeziehung damaliger Reiseberichte auf den neuesten Stand zu bringen, wobei sich Alfred als sehr exakter Geograph zeigte[3]). Dem Bedürfnis nach Pflege heimischer Geschichte diente auch die sorgfältige Fortsetzung der *Angelsächsischen Annalen* (vgl. S. 47) unter Betonung des westsächsischen Standpunktes, aber auch starker Berücksichtigung fremder Völker, jedenfalls bis 892.

Ein anderes notwendiges Ziel seiner Zeit, die Bewahrung philosopischer Ruhe, versuchte Alfred durch die Übersetzung von Boethius' *Consolationes Philosophiae* zu verfolgen. Um aus dem Buch des spätrömischen Philosophen ein zum Vorlesen interessantes Volksbuch zu machen, wurden zur Illustrierung der Betrachtungen

[2]) Die sog. ‚Ostertafeln' verzeichneten mit Jahreszahlen die Amtsantritte und Abgänge von Bischöfen, Äbten oder Königen sowie Kirchenbrände, Naturereignisse u. a. m.

[3]) Vgl. R. Ekblom in StN 14 (1942), 115 ff.

über die Macht des Wissens, die Eigenschaften der Weisheit, die Vergänglichkeit irdischer Berühmtheit u. a. m. Beispielgeschichten von Orpheus und Eurydice, den Titanen, Hercules und Odysseus, den Trojanern und Goten, Cato, Cicero und Seneca eingeflochten. Im Hinblick auf die göttliche Weisheit müßte das jedem einzelnen auferlegte Schwere ertragen werden, worin sich die weltbejahende Auffassung Alfreds deutlich ausdrückt. Unter dem Aspekte des göttlichen Willens ist die Lebensführung der sozialen Gemeinschaft wertvoll, denn sie weist auf die des unirdischen, spiritualen Seins voraus[4]). Die ‚Wyrd', die der anglischen Epoche noch eine selbständige, wenn auch untergeordnete Macht bedeutete, verliert diesen Charakter und gliedert sich bei Alfred ganz in den christlichen Vorsehungsgedanken ein.

2. Geistliche Prosa

Von ungleich größerer Wichtigkeit für die Folgezeit sind die von Alfreds Kreis gegebenen Anregungen zur geistlichen Prosa. Die christliche Unterweisung stand so im Vordergrund, daß ihr drei größere Übersetzungen gewidmet waren. Sie scheint auch von den für Alfred zu lösenden Problemen das zuerst aufgegriffene gewesen zu sein; denn der Anfang der Reihe der aus dem gelehrten Helferkreis hervorgegangenen Werke bildet Bischof Wærferths Übertragung von Gregors *Dialogen,* denen der König ein Vorwort beigab (c. 884), aus dem sein Wunsch nach Erholung von den Widerwärtigkeiten des irdischen Daseins durch die Unterweisung über Sitten und Wunder heiliger Männer hervortritt. Als Erstlingswerk — und damit als erstes ae. Prosastück von literarischem Interesse — ist es durch einen an alliterierende Langzeilen streifenden Stil, durch traditionsmäßige Wortsetzungen aus dem Bereich des Gefolgschaftswesens und durch Doppelausdrücke für einfache Begriffe gekennzeichnet.

---

[4]) Wie anregend die stoischen Betrachtungen des Altertums auch noch lange nach Alfred gewesen sein müssen, beweisen die in einer Sammlung erhaltenen moralisierenden Lehrsprüche: die *Disticha Catonis* (MS. Trin. Coll. Cambr. R. q. 17). Sie schärfen Maßhalten im Reden, Handeln und Empfinden ein, warnen vor dem unsteten Weibe, ermahnen zum Streben nach Weisheit und zur Verbreitung des Erlernten.

Der Suche nach Gott und der Unsterblichkeit der Seele sowie der Notwendigkeit, sich im Leben durch die rechte Haltung und die richtigen Mittel — Glaube, Hoffnung und Liebe — darauf einzustellen, sollten die Übersetzungen ausgewählter Stücke („Blostman" = Blütenlese) von Augustins *Soliloquien* dienen, als deren Kompilator Alfred am Schluß ausdrücklich genannt ist. Auch die sehr wortgetreue Übersetzung von Gregors *Cura pastoralis*, die als Anleitung für Lehrer, Herrscher und Geistliche zur Erziehung im christlichen Sinne gedacht war, stammt von Alfred selbst, dessen Absicht, praktisch und volkstümlich zu sein, besonders hervortritt: biblische Dinge werden durch westsächsische Entsprechungen oder Umschreibungen verdeutlicht und zahlreiche Erklärungen und Bemerkungen eingefügt.

3. Das ‚Martyrologium'

Während Alfreds Regierungszeit entstand wohl auch — seinen Zielen dienend — das große westsächsische *Martyrologium*. Die Grundlage für dieses und spätere ae. Legendare ist wiederum bei Beda (673—735) zu suchen. Angeregt durch seine *Historia Ecclesiastica*, entwickelte sich der Geschmack an Märtyrer-, Einsiedler- und Visionsgeschichten (vgl. 2. Kap.)[5]. Diese wurden gern in den Klöstern nach dem Gottesdienst und bei Tisch oder von den Kanzeln statt der Predigt vorgelesen und regten zu Wallfahrten und Schenkungen an. Offenbar zur systematischen Benutzung in Mönchskreisen entstand dann auch das erwähnte *Martyrologium*, das für die meisten Tage des Jahres das entsprechende Kapitel des Evangeliums und in knapper Inhaltsangabe eine Legende oder Erbauungsgeschichte bringt.

So wertvoll auch die Bemühungen dieser Zeit Alfreds um die ae. Kultur im ganzen gewesen sein mögen, dichterisch-künstlerische Verdienste haben sich Alfred selbst und der Kreis der Gelehrten um ihn kaum erworben, sie waren auch nicht beabsichtigt. Nach dem Zusammenbruch der anglischen Epoche und angesichts der auch für den Süden bedrohlichen Situation kam es

[5]) Vgl. E. Duckett, *Anglo-Saxon Saints and Scholars*, New York 1947.

vielmehr darauf an, das noch nicht unter skandinavischer Herrschaft stehende Angelsachsenvolk zusammenzuhalten und geistig zu stärken. Wegen dieser beabsichtigten erzieherischen Ziele war die gesamte Literatur Alfreds und seines Kreises — deutlicher als zuvor — ausgesprochen didaktisch. Und dadurch, daß Unterweisung, Belehrung und Erbauung von vornherein für die breite Masse bestimmt waren, verstärkte sich der demokratische Zug, der schon in der anglischen Blütezeit durch das Christentum eindrang und neben dem didaktischen auch für die Folgezeit charakteristisch blieb.

Zweifellos hat Alfreds Erziehungsarbeit gerade durch die von ihm ausgewählte und geförderte christliche Literatur zur Stärkung des Zusammengehörigkeitsgefühls der Angelsachsen beigetragen. Die Grundsätze des Christentums waren zu jener Zeit gewiß besonders geeignet, den Zusammenhalt der Christen Englands gegenüber den heidnischen „Dänen", die ihren Bestand bedrohten, enger zu gestalten, was Alfred bereits durch die Zusammenfassung Südenglands zum Einheitsstaat und im 10. Jh. tatkräftigen Führern durch Ausdehnung des ae. Reiches auf ganz England gelang, wodurch gleichzeitig eine gemeinenglische Literatursprache als wichtige Grundlage der Prosa geschaffen wurde.

Beachtenswert ist noch, daß sich das damalige England in starker Abhängigkeit vom Festlande befand. Das leuchtende Vorbild für Alfred waren die volkserzieherischen Bemühungen Karls d. Gr., in Angleichung zu dessen Allherrscherwürde er sich selbst „Bretwalde" (= Beherrscher Britanniens) nannte.

4. Kapitel

DIE SPÄTALTENGLISCHE ZEIT
(10. bis 11. Jh.)

Mit dem Tode des großen Königs kam das so energisch und schwungvoll geführte Bildungswerk zum Stillstand. Nachdem der Initiator fehlte, erschien vorübergehend kaum Nennenswertes in der Literatur. Abt Ælfric hörte in der zweiten Hälfte des 10. Jhs. mit Bedauern, wie die des Lateins Unkundigen nichts von Theologie verstanden und sah, daß außer den Werken Alfreds u d seiner Mitarbeiter nur einfältige Bücher vorhanden waren.

I. PROSA

A. Geistliche Prosa

Aus der Überzeugung, zur Beseitigung des kulturellen Tiefstandes die durch die Skandinavier vernichtete Klosterkultur wiederherstellen zu müssen, rief König Edgar (959—75) eine umfassende Organisation zur Wiedereinrichtung von 40 Klöstern ins Leben, das von der Benediktinerregel[1]), die der Bischof von Winchester, Æthelwold († 984), zwischen 959 und 961 ins Altenglische übertrug, geformt wurde. In enger Anlehnung an die Methode Alfreds ging von diesen Klöstern mit Hilfe einer reichen geistlichen Prosa ein abermaliges umfassendes und tiefgreifendes Bildungswerk aus[2]).

1. Predigtliteratur

Was an geistlicher Prosa dieser Zeit vorliegt, gehört zum größten Teil der Predigtliteratur an, also einer neuen Gattung der ae. Literatur. So z. B. die als *Blickling Homilien* (MS. Blickling Hall, Norfolk) überlieferte Sammlung von 971, die — in sehr enger Anlehnung an die Vorlagen — Predigten und im zweiten Teil die Leben der Heiligen Johannes d. Täufers, Petrus und Paulus, Michael, Martin und Andreas enthält.

Unselbständigkeit gegenüber den Quellen ist auch für die um das Jahr 1000 entstandenen Gruppen der 23 *Vercelli Homilien* kennzeichnend, die in ziemlichem Durcheinander vor oder zwischen den Gedichten der Vercelli-Hs. stehen[3]).

---

[1]) Die Benediktinerregel hatte Benedict v. Nursia selbst 516 lateinisch entworfen. Voll wirksam wurde sie erst, nachdem seit 910 die Reform von Cluny und dessen Tochterkloster Fleury an der Loire ausging. Dunstan brachte als Abt von Glastonbury seit c. 945 die Grundsätze von Fleury zum ersten Male in England zur praktischen Anwendung.

[2]) Vgl. D. Knowles, *The Monastic Order in England* . . ., Cambr. 1940.

[3]) Letzte Erörterungen von A. Swaen in N 25 (1940), 264 ff. und R. Willard ‚University of Texas . . . Studies in English', 1940, 5 ff.

Als fruchtbarster, nach Inhalt und Gestaltung bedeutendster Schriftsteller jener Periode erwuchs Ælfric (955—1020, floh 1006). Aus seinem Leben hinter Klostermauern erklärt sich der religiös-mönchische Charakter seiner Predigtwerke, die dennoch direkt an Alfred anknüpften, und zwar bewußt, wie die Vorrede zu seinem 990/91 verfaßten Erstlingswerk *Homiliae Catholicae*[4]) beweist. Um den Seelsorgern die durch Edgars Kirchengesetze geforderte Mühe des sonntäglichen Gottesdienstes zu erleichtern, stellte Ælfric hier 40 Predigten über wichtige Evangelien des Kirchenjahres von Weihnachten bis Advent — vermischt mit Heiligenlegenden — zusammen. Seiner pädagogischen Absicht entsprechend, der Fassungskraft einfacher Leute gerecht zu werden, ist er im Stil klar und gegenstandsnahe, meidet Fremdartiges oder überträgt es ins Heimatliche und fügt Bilder aus dem täglichen Leben hinzu. — Der Erfolg veranlaßte Ælfric 994 zu einer zweiten Sammlung von weiteren 40 Predigten, in denen er dem Volksgeschmack durch Verlängerung der Geschichten auf Kosten der Betrachtungen noch mehr entgegenzukommen suchte. Die schon im Erstlingswerk zu beobachtende Vorliebe für Alliteration zeigt sich jetzt an ganzen Legendenteilen. — Eine dritte Sammlung von 40 Homilien hat Ælfric selbst 996/97 *Passiones Sanctorum* genannt. Unter den Heiligen stehen neben ähnlichen Predigten der früheren beiden Sammlungen jetzt auch solche, die nicht allgemein, sondern nur von den Mönchen verehrt wurden, darunter besonders viele Jungfrauen und Engländer.

Ælfric bildete einen neuen Stil aus, der gewisse Kunstmittel der älteren ae. Dichter (Variationen, Epitheta und Komposita) mied und durch die Wahl stimmungsvoller Wörter sowie durch eine besondere Stabreimtechnik, die stellenweise eine Teilung in alliterierende Langzeilen ermöglicht, über bloße Prosa hinausging.

Von der sonst noch vorhandenen Predigtliteratur hebt sich die von Wulfstan[5]), dem späteren Erzbischof von

[4]) Vgl. Ch. Davis in JEGPh 41 (1942), 510 ff.
[5]) Vgl. D. Bethurum in PMLA 57 (1942), 916 ff.

York (1002—23), ab. Aus der Not der Zeit und in Erwartung des Weltuntergangs fühlte er sich zum Bußprediger berufen, um Hohen und Niederen die Sünden vorzuwerfen, durch die sie Gottes Zorn heraufbeschworen hätten. Das tat er besonders heftig in dem *Sermo Lupi ad Anglos* als temperamentvoller Mann, der im Gegensatz zu Ælfric nicht hinter Klostermauern lebte, mit machtvollen und wuchtigen Worten, ohne sich auf Bibelgeschichten und Legenden einzulassen. Da der Alliterationsrhythmus zurücktritt und der Endreim hinzukommt, wirkt sein Stil moderner.

Die vielen anderen einzeln überlieferten Homilien lassen sich in solche der Art Ælfrics oder Wulfstans[6]) einteilen. Unter den ersteren treten apokryphe Stoffe stark hervor (Marias Kindheit, Christus in der Vorhölle u. a.). Die Heiligenlegenden näherten sich reinen Erzählungen. Die moralisierenden Predigten beschäftigen sich teils mit allgemeiner Tugendlehre, teils gehen sie auf spezielle Ziele aus, wie frühzeitige Taufe, reuige Beichte oder Sonntagsheiligung.

Wenn diese umfangreiche Predigtliteratur der dritten ae. Periode, rein ästhetisch gesehen, auch niedrig anzuschlagen ist, so darf sie doch als literarisches Erzeugnis mit bestimmter Zielsetzung nicht unterbewertet werden. Was die alliterierenden Bibel- und Heiligengeschichten im heroischen Stil den höfischen Kreisen bedeuteten, das waren die seit Alfred entstandenen Arten für die breiten Massen des 10. Jhs. Die christlichen Stoffe sollten dem Volke an Sonn- und Festtagen nahegebracht werden, und zwar nicht mehr in germanisch-epischer Umwandlung, sondern mit ihrem jüdischen oder italischen Fremdcharakter. Das mußte eine Änderung der Hörerphantasie zur Folge haben und eine Massenaufnahme von exotischen Geschichten vorbereiten, wie sie durch Orientpilger und bald auch durch die Kreuzfahrer im Lande eindrangen.

2. Nicht-homiletische Prosa

Neben der ausgedehnten Predigtliteratur ist die übrige geistliche Prosa von geringer Bedeutung. Zu er-

---

[6]) Vgl. K. Jost, *Wulfstanstudien*, Bern 1950.

wähnen wären kurze Berichte über Lokalheilige (so z. B. eine Überarbeitung der altkentischen *Königslegende* zwischen 974 und 991), die um das Jahr 1000 zu der Sammlung *Die Heiligen Englands* verbunden wurden. Ferner knappe biographische Aufzeichnungen (z. B. die über die altkentische Prinzessin und Äbtissin Mildryth und dreier ostanglischer Königstöchter).

Die westsächsische *Evangelienübersetzung* mag genannt werden, weil sie — um 1000 entstanden — das älteste größte Werk dieser Art war und eine spezifisch ae. Fassung des Vulgatatextes zugrunde legte.

Wichtiger sind die wohl gleichaltrigen Übersetzungen des *Evangeliums von Nicodemus* (von der Öffnung der Vorhölle), der *Vindicta Salvatoris* (Bestrafung der Juden, Bekehrung von Titus, Vespasian und Tiberius) und der *Legatio Nathanis* (Bekehrung des Libyers Tirus durch Nathan), vor allem aber die drei Erbauungsgeschichten *De vitis patrum,* weil sie als Vorstufe des mittelenglischen Romans aufgefaßt werden können. Sie handeln von einem Einsiedler, der eine Kurtisane dadurch abweist und bekehrt, daß er sich einen Finger nach dem andern verbrennen läßt; von einem Mönch, der sich in die Tochter eines ägyptischen Priesters verliebt, durch die Lehren und Gebete eines Einsiedlers jedoch gerettet wird; und von dem syrischen Mönch Malchus, der als alter Mann seine seltsamen Schicksale dem hl. Hyronimus erzählt.

B. Weltliche Prosa

Unter dem beherrschenden Einfluß der Benediktinerklöster kam eine weltliche Prosa kaum zu Wort. Selbst in allem Urkundenmäßigen und Historischen tritt die klösterliche Hand stärker als sonst hervor, wie etwa in den Bearbeitungen von Bedas *De sex aetatibus mundi,* einer Liste der westsächsischen Könige von Ine bis Knut mit Angabe ihrer Regierungszeiten, einem zwischen 1056 und 1070 entstandenen *Brief des Mönchs Eadwine* an einen Bischof, oder in dem Bericht über *Wulfstan und die Besitzungen des Klosters Worcester.*

Das gilt auch für die *Angelsächsischen Annalen,* die nach Alfreds gewissenhaften Bemühungen (vgl. S. 47 f.)

mehrere Jahrzehnte ruhten und erst wieder kurz nach König Edgars Tode (975) in verschiedenen Klöstern (Abingdon, Winchester, Canterbury, Evesham, Peterborough u. a.) weitergeführt wurden. Literarischer Wert kommt ihnen nur wegen der lückenfüllenden Gedichte auf Æthelstan, Edmund, Edgar und Eduard zu (vgl. S. 58 f.).

Was an volkstümlichen Büchern zur Übermittlung geschichtlicher, naturwissenschaftlicher und pädagogischer Dinge herauskam, trug häufig wegen der Frage- und Antwortdialoge katechismusartigen Charakter. Dem Unterrichtsbedürfnis des 11. Jhs. dienten zwei untereinander verwandte Prosagespräche: *Salomo und Saturn* sowie *Adrian und Ritheus*. Saturn fragt in kindlicher Art nach Gott, der Schöpfung, den Patriarchen, den Elementen, den Fischen, Vögeln, Himmelserscheinungen u. a. m., Ritheus stellt noch buntere Fragen.

Die letzten Versuche weltlicher Prosaliteratur im 11. Jh. und gleichzeitig die fortschrittlichste Erscheinung in der ganzen spät-ae. Prosa bilden die Romane *Appollonius von Tyrus*, eine Liebes- und Abenteuergeschichte, und *Die Wunder des Ostens*, in denen von unmöglichen Menschen, Tieren und Pflanzen berichtet wird, die Alexander gesehen haben soll.

So rege und für die Zukunft vielversprechend auch den verschiedenen Themen nach die ae. Prosa noch kurz vor dem Normanneneinfall scheinen mag, der beherrschende Einfluß wurde ohne Zweifel von der benediktinischen Klosterreform und der mit ihr eng verbundenen Predigtliteratur ausgeübt. Bei einem Vergleich dieser mit dem Schaffen Alfreds und seines Kreises kommt letzteren — wie bereits oben hervorgehoben — das Verdienst zu, die Prosa in die ae. Literatur eingeführt zu haben. Der Beginn künstlerischer Prosa liegt dagegen bei Ælfric. Sein bewußtes Streben nach immer poetischerer Ausdrucksweise ist unverkennbar; ebenso aber das nach Belehrung, eine Tendenz, die er formal mit Alfred und vielen anderen vorher gemein hatte, in deren inhaltlicher Absicht er sich jedoch von dem großen König wesentlich unterschied.

Während Alfred der Welt positiv zugewandt war und schlicht als Lehrer — mit irdischen Zielen vor Augen — zu seinem Volke sprach, ist Ælfrics Ton streng mönchisch gehalten. Der selbst in einigen Fällen aus politischer Klugheit heraus an den Skandinaviern bewiesenen Humanität Alfreds stand die Predigt rein geistlicher Liebe bei Ælfric gegenüber, wahrscheinlich veranlaßt durch den um das Jahr 1000 erwarteten Weltuntergang und durch den zu erkennenden Verlust der nationalen Freiheit (vgl. S. 11 f.).

Wiederum — wie bei Alfred — war kontinentaler Einfluß entscheidend gewesen. Diesmal nicht — wie vor 100 Jahren — vom Hofe her, sondern aus dem Kloster. Und unter diesen monastischen Bestrebungen wurde auch in England eine allein auf das Jenseits abzielende Kultur geschaffen, in der der letzte Rest der ‚Wyrd' schwand, die in heidnischer Zeit herrschte, dann zwar immer mehr an Selbständigkeit verlor, aber noch lange eine Schicksalsmacht darstellte.

II. POESIE

A. Weltliche Dichtung

Wegen der sehr einseitigen Pflege der Prosa seit Alfred nimmt die spät-ae. Poesie einen nur kleinen Raum ein. Und wenn schon innerhalb der umfangreichen Prosa der „weltliche" Teil eine nur sehr geringe Rolle spielte, so ist es nicht verwunderlich, daß an weltlicher Poesie erst recht wenig vorliegt.

1. Gesellschaftslieder und „Balladen"

Bezeugt sind für die spät-ae. Zeit wie für frühere Jahrhunderte neben *Hochzeits-* vor allem *Gesellschaftslieder,* die an Sonn- und Festtagen wegen ihres „heidnischen" Charakters der Geistlichkeit ein Ärgernis waren. An ihrem Auftrieb haben sicherlich die Skandinavier erheblichen Anteil, und durch die ab 1066 eindringenden liederfreudigen Normannen werden die Volksgesänge kaum unterbunden worden sein, so daß das spät-ae. Gesamtbild wahrscheinlich anders ausgesehen hat, als es uns nach dem zufällig bis heute erhaltenen

Dichtgut auf den ersten Blick erscheint. Von Wilhelm v. Malmesbury (1. Hälfte 12. Jh.) werden ferner balladenartige Gesänge über König Æthelstan gemeldet. Daß viele andere historische Persönlichkeiten im Volksmund ähnlich besungen wurden und viele Wikinger und skandinavische Mythengestalten in Liedern fortlebten, läßt sich wohl aus solchen auf mündlichen Überlieferungen beruhenden Sammelbüchern erschließen, wie sie in lateinischen Umschriften des 12. Jhs. in der *Vita Waldevi* oder den *Gesta Herwardi* vorliegen.

Wenn nach dem gewaltsamen Ende der anglischen dichterischen Tradition durch die „Dänen" überhaupt noch weltliche Poesie entstand, so ist das ebenfalls Alfred zu verdanken, unter dessen Schutz und Förderung das aus dem Norden gerettete Dichtgut ins Westsächsische übertragen werden konnte (vgl. S. 12 f.). Denn an dieses knüpften verständlicherweise diejenigen an, die sich nach einer im ganzen poesielosen Zeit im Spätaltenglischen wieder des Verses bedienten.

2. Historische Gedichte

Diese Anknüpfung ist z. B. für die am stärksten überlieferte Gattung der historischen Heldengesänge offensichtlich, deren Erhaltung wohl hauptsächlich dem Umstand verdankt werden muß, daß die meisten in den aus geschichtlichem Interesse an mehreren Orten gepflegten *Angelsächsischen Annalen* aufgeschrieben worden waren (vgl. S. 55).

Es handelt sich zunächst um fünf alliterierende historische Gedichte, von denen das wahrscheinlich nachträglich eingeschobene erste unter dem Jahre 937 *Æthelstans Sieg bei Brunanburh* (73 Verse) verkündet. Wenn hier auch manche die ehemaligen Heldenlieder kennzeichnenden Mittel aufgeboten sind, so kommt es an diese nicht heran. Aber als Triumphlied, das der Dichter wohl beabsichtigte, war es gewiß von starker Wirkung[7]). — Die anderen alliterierenden poetischen Eintragungen stehen dieser ersten erheblich nach. In *Edmunds Befreiung von fünf Städten* aus den Händen der „Dänen" 942 ist eine epische Komposition gar nicht mehr

---

[7]) Vgl. A. Campbell, *The Battle of Brunanburh*, Ldn. 1938.

versucht. — Das Jahr 973 gibt Anlaß zur Verherrlichung der *Krönung Edgars* zu Bath. — Zum Jahr 975 steht eine die epische Rhetorik reicher bewahrende lebhafte Klage über die *Verfolgung der Mönche* unter Eduard II. — Das späteste, streng alliterierende Gedicht behandelt 1065/66 *Eduards d. Bekenners Tod.* In patriotischer Absicht will es mit einer Menge alter heroischer Ausdrücke den letzten heimischen König verherrlichen.

An anderen Stellen der *Angelsächsischen Annalen* findet neben der Alliteration die moderne Endreimtechnik Eingang. Zum Jahre 959 steht in zwei Handschriften ein *Nachruf auf Edgar.* Wahrscheinlich handelt es sich aber hier, wie anderswo auch, weniger um ein Gedicht, als vielmehr um eine andere Art gehobener, mit Stab- und Endreimen unregelmäßig verzierten Prosa (vgl. Ælfric). Auch im 11. Jh. erhebt sich ein Annalist mitten in prosaischer Darstellung zu Reihen von Reimversen (z. B. 1036 u. 1087). — Unter dem Jahre 1076 befindet sich der Auszug aus einem volkstümlichen *Waltheof-Gedicht* mit Endreimen, in dem eine fürstliche Hochzeit zu Norwich erwähnt ist, bei der sich der von Wilhelm d. Eroberer begnadigte Herzog Waltheof zu einer neuen Verschwörung überreden läßt, deren kläglicher Ausgang anschließend geschildert wird.

Von ungleich höherem literarischen Wert als die Annaleneintragungen ist das einer 1731 verbrannten Handschrift (Otho A XII) entstammende Lied über den Herzog von Essex: *Byrhtnoth,* der 993 in der Schlacht bei Maldon fiel. Hier findet sich in 324½ Versen die alte heroische Tradition am besten erhalten. In der realistischen Ausmalung der Gefolgschaftstreue steht dieser Heldengesang sogar einzig dar. Auch sonst herrscht ehemaliger Heldengeist vor, in den sich aber bereits ritterliche Züge mischen, wenn Byrhtnoth z. B. nach langer Furtverteidigung seine Feinde, die norwegischen Wikinger, über den Fluß zu kommen einlädt, wodurch dann sein Tod und die Niederlage seines Volkes herbeigeführt werden. Der alte Stil wird ebenfalls in Wortwahl und -schmuck sowie in der Sprunghaftigkeit gewahrt. Die Stabreimtechnik ist allerdings — der spät-ae. Zeit ganz entsprechend — wiederholt durch Endreime berührt.

B. Geistliche Poesie

Auch in der spät-ae. geistlichen Dichtung spürt man den Einfluß der anglischen, auf Alfreds Veranlassung ins Westsächsische übertragenen Vorbilder. Von König Edgars (959—975) Zeit ab macht sich dann die Benediktinerreform fühlbar. Es wurde gefordert, daß jeder Christ das Vaterunser und Glaubensbekenntnis auswendig lernte und den Kindern beibrachte, was viele Versübertragungen von Gebetformeln zur Folge haben mußte. Mit der Annäherung an den Weltuntergang, der um das Jahr 1000 oder in ihm vermutet wurde, kam die Abfassung von Gedichten über das Jüngste Gericht und andere Todesthemen förmlich in Mode.

1. Epische Gedichte

Wie in der weltlichen Dichtung, so sind Spuren des heroischen Geistes ebenfalls in der kirchlichen anzutreffen. Der beste Beweis dafür wird durch das *Judith*-Fragment (MS. Cott. Vit. A XV; 350 Z.), das wahrscheinlich der ersten Hälfte des 10. Jhs. entstammt, geliefert. Stofflich liegt hier der letzte Germanisierungsversuch eines biblischen Themas vor. Die germanisch anmutende Judith begeht den Mord an dem Volksunterdrücker Holofernes in erster Linie aus gekränktem Nationalstolz, und die Parallele zur eigenen Zeit der Dänenunterdrückung liegt nahe. Im alten Geist stehen auch die realistischen Schilderungen der Schlachtszenen, der Vorbereitungen zum Mord, des Mordes selbst, der Beute u. a. m. Im Hinblick auf spannende Darstellungsweise, auf die wirkungsvolle Wortwahl und Häufung von schmückenden Beiwörtern und Synonymen an den Höhepunkten, sowie auf die straffe Gliederung, müssen dem Dichter erhebliche Fähigkeiten zugesprochen werden.

In die zweite Hälfte des 10. Jhs. gehört das alliterierende Epos *Genesis B* (MS. Jun. XI; 617 Z.), das nachträglich in den A-Teil eingeschoben worden ist (vgl. S. 37). Dargestellt werden der Sündenfall und die Vertreibung aus dem Paradiese, und zwar in ziemlich engem Anschluß an ein altsächsisches Original der Heliand-Schule.

2. Lehrhafte und elegische Lyrik

Die lehrhafte Dichtung ist gegen Ende des 10. Jhs. durch zwei Dialoge zwischen *Salomo und Saturn*[8]) und durch ein kleines Gedicht *Pharao* vertreten. Ihr Ziel ist es, die Überlegenheit christlichen Könnens und Wesens über das Heidentum darzutun. Der erste Salomo-Dialog empfiehlt das Vaterunser als Schlüssel zum Himmel, der zweite will über das Ende der Dinge aufklären, wozu gewiß der erwähnte baldige Weltuntergang Anlaß war.

Die Mannigfaltigkeit der spät-ae. Lyrik wird durch zwei elegische Stücke vergrößert. *Die Klage eines Vertriebenen* (Exeter-Hs.; 117 Z.) erinnert an Naturbilder und Seelenstimmungen vom *Wanderer* und *Seefahrer* (vgl. S. 31 f.). Die weltentsagende und ganz auf Gott gerichtete Haltung erfährt aber hier eine deutliche Akzentuierung, wie auch die *Ansprache eines Trösters* (Exeter-Hs.) an denselben oder einen ähnlichen Vertriebenen und Schwergeprüften.

Belehrenden Zweck in der Art von Merkversen ohne besondere Einkleidung hat ebenso das ins letzte Drittel des 10. Jhs. zu setzende *Menologium* (MS. Cott. Tib. B 1; 231 Z.), ein Kalender der Festtage des Jahres, der nötig wurde, nachdem König Edgar um 960 ein Gebot der Festtagsheiligung erlassen hatte[9]).

3. Weltuntergangsdichtung

Neben einigen erhaltenen rein kirchlichen Dichtungen — wie ein paar lyrischen *Gebeten um Heilung und Hilfe für die Seele* (MS. Jul. A 2; 79 Z.; Exeter-Hs.; 118 Z.), Versumschreibungen des *Credo* (MS. Jun. 121), des *Gloria Patri* (MS. Jun. 121) und *Paternoster* (Exeter-Hs. u. a.), einer *Aufforderung zum Gebet* (Corp. Chr. Coll. Cambr. 201) sowie *Psalmenbearbeitungen* (Pariser Nat. Bibl. Fonds lat. 8824 enthält die Psalmen 51—150; MS. Cott. Vesp. D 6 behandelt den 50. Psalm in kentischem Dialekt) ist schließlich noch solcher den Einzelmenschen

---

[8]) Vgl. R. Menner, *The Poetical Dialogues of Solomon and Saturn*, New York 1941.

[9]) Über die Beziehung zu den Sprüchen der gleichen Handschrift vgl. L. Whitbread in StN 20 (1948), 192 f.

ansprechenden Dichtungen zu gedenken, die — wie verschiedene Prosawerke des ausgehenden 10. Jhs. (vgl. S. 54 ff.) — auf den vermeintlich bevorstehenden Jüngsten Tag verweisen. Daß dies Thema lange vor dem Ende des 10. Jhs. anklang, zeigte bereits *Christ III* (vgl. S. 44).

Eine *Darstellung vom Jüngsten Gericht* (Exeter-Hs.; über 1500 Z.), die vorbildhaft auf die spätere Weltuntergangsdichtung gewirkt hat, wird mit der gleichen Leidenschaft und denselben Bildern wie im *Christ III* zu Beginn ausgemalt (vgl. S. 44). Die Freude der Guten wird um so größer, je mehr sie erkennen, welchen grausamen Qualen und Leiden sie entgingen.

In realistischen Einzelschilderungen — besonders in der Ausmalung der allmählichen Arbeit der Würmer an den Leichenteilen — wetteifert damit die *Rede der Seele an den Leichnam* [10] (Exeter-Hs.; 121 Z.; Verc.-Hs.; 126 Z.). Nach einem kurzen Prolog handelt sie von den sich über 300 Jahre erstreckenden wöchentlichen Besuchen der unruhigen Seele bei einem Leichnam, der langsam zerfressen wird. Im zweiten fragmentarischen Teil sprechen Seelen rechtschaffener Verstorbener und fordern um der Freude auf das Jenseits willen asketische Lebenshaltung.

Das Thema „Seele und Leichnam" behandeln ferner eine erweiterte Versübertragung von Bedas[11] Gedicht ‚De die judicii': *Vom Jüngsten Tage* (Corp. Chr. Coll. Cambr. 201; 308 Z.) sowie zwei Fragmente aus Handschriften des 12. Jhs. In dem einen: *Das Grab* (Bodl. 343; 25 Z.) wird das hohe Haus, das sich der Mensch im Leben erbaute, mit einer türlosen Wohnung verglichen, in die nur der Tod eindringen kann. Das andere: *Rede der Seele* (Kathedralbibl. Worcester) macht vornehmen Sündern u. a. zum Vorwurf, von ihren Gütern nicht den Geistlichen, die doch zur Rettung der Seele beitragen könnten, abgegeben zu haben. Ähnlich fordern die *Ermahnung zu christlichem Leben*[12] (MS. Corp. Chr. Coll. Cambr. 201; 80 Z.) angesichts des Weltuntergangs und ein *Almosengedicht* (Exeter-Hs.) zum Geben auf.

---

[10]) Vgl. E. Henningham in PMLA 55 (1940), 291 ff.
[11]) Vgl. M. Laistner, *A Hand-List of Bede Manuscripts*, Ithaca N. Y. 1943, 127 ff. und L. Whitbread in PhQ 23 (1944), 193 ff.
[12]) Vgl. L. Whitbread in StN 20 (1948), 193 ff.

Wie die erhaltene spät-ae. Prosa, so steht auch die Poesie in ihren verhältnismäßig vielen Zweigen unter dem beherrschenden Einfluß der Kirche. Doch läßt sich auch in ihr die Wahrung altheimischer Züge nicht verkennen. Während die historischen Gedichte den alten Heldengeist am stärksten betonen, das *Judith*-Fragment und *Genesis B* an biblischen Themen noch germanische Gefolgschaftstreue rühmen — wofür sehr wahrscheinlich die immer wieder notwendigen kriegerischen Auseinandersetzungen mit den Skandinaviern Anlaß waren —, ist die umfangreichste Gattung der Weltuntergangsdichtungen fast ganz benediktinischer Askese und Weltflucht mit den Bildern von Tod und Verwesung ergeben. Ebensowenig fehlt die didaktische Note in den meisten Stücken der Poesie und wurde gegen Ende des 10. Jhs. so vorherrschend, daß Epik und Lyrik verkrüppelten.

Noch einmal sei auf die nicht überlieferten, wohl aber bezeugten Gesellschaftslieder und auf die balladenähnlichen Gesänge hingewiesen, die nicht nur das Bild vervollständigen, sondern es vielleicht in einigen Teilen anders gestalten, als es nach dem lückenhaft überlieferten Dichtgut aussehen muß.

Bei aller Vorherrschaft des mönchischen Geistes, der das Schicksal einer eigenständigen germanischen Kultur besiegeln und die Eingliederung in die internationale christliche Kultur besorgen half, bevor der Normanneneinfluß begann, dürfen die verschiedenartigen Ansätze zu Neuem innerhalb der schon bestehenden Mannigfaltigkeit im Spätaltenglischen zur Vervollständigung des Gesamtbildes nicht außer acht gelassen werden.

Waren es in der Prosa neben dem durch Ælfric herausgearbeiteten kunstvollen Stil vor allem neue Stoffe (vgl. S. 56), so war es in der Poesie in erster Linie die andersartige äußere Form. Zur altgermanischen Alliteration trat in der spät-ae. Periode immer mehr der schmückende Endreim.

Hauptmerkmale der altenglischen Literatur

Ein Rückblick auf die vier Perioden der ae. Kultur (vgl. im einzelnen S. 24 ff., 44 ff., 50 u. 63) läßt trotz ihrer historisch bedingten Verschiedenheiten einige durch die ganze ae. Zeit gehende Hauptzüge erkennen, die im Charakter der Angelsachsen begründet liegen.

Begann der erste Abschnitt des englischen Volkes in altgermanischem, heldisch-höfischem Geist, so trat mit der Einführung des Christentums der christlich-mönchische hinzu. Aus dem Kampf dieser beiden wesensverschiedenen Weltanschauungen entstand allmählich dank der toleranten Christianisierung eine Mischung, in der das Germanische als nationale Eigenart bis zum Schluß erklang. Angesichts der schwierigen geschichtlichen Verhältnisse trug das Christentum sogar auf der britannischen Insel zur Stärkung eines besonderen Nationalgefühls bei, so daß hier bereits bis zur Jahrtausendwende — also früher als im übrigen Europa — ein einheitlicher Nationalstaat entstehen konnte, in dem die ursprünglichen Feinde, die heidnischen „Dänen", als christliche Untertanen eingegliedert waren, und in dem es eine für alle verständliche Sprache, das Englisch des Königs Alfred (King's English), gab.

Durch die ernsten historischen Situationen und durch die geographische Lage bedingt, bewahrte auch die Literatur gewisse Grundtöne:

Vorherrschend ist eine stoische Ernsthaftigkeit, die sich häufig zur Klage und Schwermut steigert, in der ebenso wie in der Phantasiefreudigkeit das weiche, empfindsame Keltentum nachzuwirken scheint. Der dauernde Druck der Feinde im eigenen Lande belebte immer wieder den Heroismus außer in den letzten Jahrzehnten der ae. Zeit, wo wegen des vermeintlichen Weltendes ein asketischer Ton erklingt. Das ausführlichste Beispiel des heidnischen Helden mit seinen hohen sittlichen Idealen von Gefolgschaftstreue, Kampf, Tapferkeit, Stolz und Unbeugsamkeit, mit seinem abgewogenen Verhältnis zwischen Ich und Gemeinschaft und mit seinem Glauben an das große Weltschicksal, die ‚Wyrd', vermittelt das *Beowulf*-Epos, doch schimmert es auch aus zahlreichen späteren, christlich weit mehr verbrämten ae. Dichtungen hindurch. Daß ausnahmsweise die Welt einmal verklärt und heiter ausschauen konnte, beweist vor allem das *Phoenix*-Epos (vgl. S. 43).

Die Männerwelt erfreute sich beim Met am lauten, derben Saaljubel und verstand sich weder auf zarten

Frohsinn und Humor, noch auf den Genuß feinerer weltlicher Freuden. Ihre Gefühle waren natürlich und tief, doch durch grobe Sinne ausgelöst und in harte und rauhe Sprache gekleidet. — Soweit die Frau in dieser Männerwelt überhaupt aus Dichtwerken hervortritt, ist auch sie ernst und tieffühlend, was deutlich in zwei Klageliedern sichtbar wird (vgl. S. 30 f.). Aus ae. Gesetzen spricht ihre hohe Wertschätzung, und bei den Zaubersprüchen erfüllt sie eine besondere Mission (vgl. S. 15).

Dem so aufgezeigten Gehalt der literarischen Erzeugnisse entsprach die dichterische Darstellung. Im allgemeinen ist sie schwerfällig und grob. Es fehlt an Verständnis für die angemessene Form, wie das auch an der augenfälligsten Kunst, der Architektur, zum Ausdruck kommt. Auch die ae. Baumeister waren zufrieden, wenn ihre Bauwerke nur überhaupt standen und fühlten nichts von einer Notwendigkeit, sie durch gute Proportionen wirken zu lassen. Entweder waren die Kirchen im Vergleich zum Flächenumfang zu hoch und zu schmal, oder es bestand ein Mißverhältnis zwischen den Öffnungen und der Masse. Der Reiz der Bauwerke lag, wie in der Literatur, nicht auf dem Unorganischen des Ganzen, sondern auf Einzelheiten[13]).

Unter diesen waren wiederholt Besonderheiten hervorzuheben, wobei die Naturbeschreibungen an erster Stelle stehen, und zwar — aus der geographischen Lage erklärlich — vor allem die winterlich-düsteren Schilderungen des Meeres, das dem Angelsachsen Bestimmung und zugleich Quelle des Leids war.

Ein vorherrschender Charakterzug, der die Entfaltung des Kunstschönen in der Literatur oft verhinderte, war der lehrhafte Ton. Die Neigung zum Belehren schien bereits in heidnischer Zeit vorhanden und steigerte sich, wenn auch mit anderer Zielrichtung, später häufig so, daß das Künstlerische ganz erstickte.

---

[13]) Vgl. besonders R. Jessup, *Anglo-Saxon Jewellery*, Ldn. 1952. — Von dem schon frühen hohen künstlerischen Stand am kleinen Objekt zeugen auch die bei Sutton Hoo geborgenen Reste (vgl. Anm. 1 S. 27). Vor allem beweisen Spangen, Schnallen und der Deckel einer Geldbörse ein bisher ungeahntes Geschick der Angeln, welches das des jütischen Kent übertraf.

DIE MITTELENGLISCHE PERIODE

Bei einer Darstellung der mittelenglischen (me.) Literatur ergeben sich für die ersten Jahrhunderte ähnliche Schwierigkeiten wie bei der frühen ae. Zeit. Ging von den heimischen Dichtwerken dieser unter der Christianisierung vieles verschüttet, so stand nach der normannischen Eroberung die englische Literatur lange im Schatten dessen, was die Eindringlinge mitbrachten und kultivierten. In beiden Perioden wurde zwar die vorhandene englische Dichtung nicht so bekämptt, daß sie unterging, doch blieb sie ohne Ansporn und nötige Pflege, vegetierte also bloß dahin.

Was in den ersten Jahrhunderten nach 1066 in England an literarischen Erzeugnissen in Erscheinung trat, gehörte entweder der internationalen lateinischen oder der westkontinentalen französisch-normannischen Literatur an, interessierte in beiden Fällen nur kleine, z. T. bloß nichtenglische Kreise und starb, da es in englischer Erde meistens nicht Wurzeln schlagen konnte, in dem Grade ab, wie das Heimische auflebte und zur Herrschaft gelangte. Nur weil dieses auf dem Wege dahin von der unmittelbaren Nachbarschaft des Artfremden angeregt und beeinflußt wurde, ist zum Verständnis und zur Würdigung der me. Literatur eine Skizzierung der lateinischen und normannischen auf dem Boden Englands notwendig.

I. DER ANTEIL ENGLANDS AN DER ABENDLÄNDISCHEN LATEINISCHEN LITERATUR

Entgegen kirchlichen Plänen, das Christentum über alle nationalen Grenzen hinweg auszubreiten und eine große Völkerfamilie mit einheitlich christlicher Kultur — infolgedessen auch mit gemeinsamer Literatur — schaffen zu wollen, konnte trotz der benediktinischen Reform im Angelsachsenreich das Nationalgefühl weniger als in anderen europäischen Ländern gemindert werden. Im Gegenteil: das Christentum wurde sogar zur Stärkung des Nationalgefühls gegen die heidnischen Skandinavier benutzt, und es entstand dadurch bis zur ersten Jahrhundertwende auf der britischen Insel —

früher als im übrigen Europa — ein starker Nationalstaat (vgl. S. 51).

Nachdem dieser durch die Normannen 1066 zerschlagen worden war, wurde auch England nicht nur politisch an kontinentale Verhältnisse angeglichen, sondern kulturell in die christliche Völkerfamilie des Abendlandes hineingezogen und nahm von dann ab voll Anteil an der internationalen Literatur des Mittelalters[1]).

Ihre Träger waren die Geistlichen, ihre Sprache das mittelalterliche Latein, das von allen Gebildeten neben deren Muttersprache gesprochen wurde, aber eben nur von ihnen, so daß der weitaus größere Teil der Völker mit der lateinischen Literatur kaum unmittelbar in Berührung kam. Da die Geistlichen im Mittelalter nicht nur Diener der Kirche waren, sondern wichtige Staats- und Regierungsposten bekleideten — sich also auch sehr irdischen Dingen zuwenden mußten —, entstanden neben lateinischen religiösen Werken solche weltlichen Charakters.

1. Kapitel

BIS ZUR MITTE DES 12. JAHRHUNDERTS

A. Einzelstücke bis um 1100

Es versteht sich, daß England nach der Eroberung nicht sogleich Anteil an der festländischen Kultur nehmen konnte. Wilhelm d. Eroberer (1066—87) sah seine Aufgabe darin, England durch Einführung des Feudalwesens politisch und sozial dem Kontinent näherzubringen. So begrenzt auch seine literarischen Interessen gewesen sein mögen, wenigstens schuf er durch die sofortige Einsetzung gelehrter, meist normannischer oder lothringischer Bischöfe, Äbte und Mönche in Kirchen und Klöstern die Voraussetzungen dafür, daß England eine Generation später in der Lage war, sich an dem allgemeinen geistigen Erwachen Europas zu beteiligen. Da sein nachfolgender Sohn Wilhelm Rufus (1087—1100) keine geistigen Neigungen zeigte, fehlte es in den ersten vier Jahrzehnten normannischer Herrschaft an einem Mittelpunkt, von dem aus — wie es

[1]) Vgl. H. Glunz, a. a. O., 150 ff.

später geschah — auch die Dichtung angeregt, gefördert und gelenkt werden konnte. Infolgedessen vermittelt die überlieferte Literatur des beginnenden englischen Mittelalters das Bild eines zufälligen Nebeneinanders ungleichartiger Werke.

Geoffrey v. Winchester (1050—1107) gab in seinen 238 *Epigrammen* Lebensregeln, Weisheitssprüche und Sentenzen — manchmal moralisierender oder satirischer Art. Serlo v. Bayeux (1050—1113/22) beklagte in *De capta Baiocensium civitate* den Verlust seiner Vaterstadt und verspottete die feigen Bürger. Reginald v. Canterbury (1040—1109) schrieb ein Epos *Vita S. Malchi* von rund 4000 Hexametern mit Binnenreimen, ein Erinnerungsgedicht auf seinen Geburtsort *Faye-la-Vineuse* und *Episteln* an poetische Korrespondenten.

B. Erste Pflege des lateinischen Schrifttums

1. Religiöse, satirische und romantische Literatur

Mit dem jüngsten Sohn des Eroberers, Heinrich I. (1100—35), begann dagegen eine bewußte Literaturpflege, die unter den gebildeten Großen des Reiches Nachahmung fand, so daß bereits für die unruhigen Regierungsjahre Stephans (1135—54) eine Reihe adliger Literaturpatrone bezeugt ist.

Von den der Geistlichkeit am nächsten liegenden religiösen Dichtungen verdienen Ailreds (1110—67) *Speculum caritatis* — eine platonische Schrift über die christliche Liebe — und sein Traktat *De spirituali amicitia*, der antike Gedanken mit christlicher Weisheit in Beziehung setzt, sowie Lorenz v. Durhams (1100—54) moralphilosophisches Hauptwerk *Hypognosticon* und seine *Consolatio de morte amici* Erwähnung.

Über das Religiöse hinaus führten die damals beliebten Verssatiren, zu denen die von dem letztgenannten Autor stammenden vier Bücher *Dialoge* mit der Anprangerung von Mißständen am Bistum Durham und Heinrich v. Huntingdons *Epigramme* zählen, die unter Decknamen einzelne Persönlichkeiten oder Gruppen angriffen.

Die mit Heinrich I. (1100—35) einsetzende Belebung der lateinischen Literatur zeigte sich ferner in der *Vita Merlini* von 1148. Sie ist wahrscheinlich ein Werk des noch als Historiker zu nennenden Geoffrey v. Monmouth und führte in den Bereich des Wunderbaren.

2. Historiographie

Diese *Vita Merlini* ist eines der vielen Beispiele dafür, wie anregend sich die zahlreichen Geschichtsbücher damaliger Form für die mittelalterliche Dichtkunst erwiesen. Da sie selbst meistens mehr Dichtung als Wissenschaft waren, gebührt ihnen auch ein entsprechender Raum in der Literaturgeschichte. In der *Historia novorum in Anglia* (c. 1122) Eadmers v. Canterbury (1065—1124) finden sich neben den üblichen Erdichtungen erste Spuren einer Geschichtsschreibung, die sachliche Kritik und ein philosophisches Urteil anstrebte. Dagegen schrieben Simeon v. Durham und Florence v. Worcester in traditioneller Annalenart englische Geschichten bis 1130 bzw. 1118. Ordericus Vitalis (1075 bis 1142) gliederte in seiner *Historia ecclesiastica*, die vor allem für die Zeit nach der normannischen Eroberung von Wert ist, den Stoff und wirkt dadurch fortschrittlich. Dies gilt mehr noch für Heinrich v. Huntingdons (1084—1155) *Historia Anglorum*, die wegen der Mitteilung vieler Balladen in lateinischer Übertragung von besonderem literarischen Interesse ist. Der Ruhm des ersten wirklichen Historikers nach Beda gebührt Wilhelm v. Malmesbury (1080—1142) durch seine *Gesta regum Anglorum*, weil hier eine ursächliche Betrachtungsweise, eine zusätzliche belebende Sittenschilderung und eine neutrale Beurteilung versucht wurden. Die zeitgebundene Hauptschwäche liegt aber auch hier in der Vermischung von Geschichtlichem mit Erdichtetem, was Geoffrey v. Monmouths († c. 1157)[1] *Historia regum Britanniae* (1137), deren literarische Bedeutung für die Folgezeit am augenfälligsten ist, stärker kennzeichnet.

Dieser in Wales geborene und erzogene Geoffrey — wahrscheinlich bretonischer Herkunft — verfaßte sein Werk angeblich auf Grund eines walisischen Buches. In Wirklichkeit aber scheint er Gildas, Nennius, Beda, Livius und Vergil mit Legendarischem seiner Heimat und Erzeugnissen seiner Phantasie kombiniert zu haben.

[1]) Vgl. J. Lloyd in EHR 57 (1942), 460 ff.; J. Tatlock, *The Legendary History of Britain* . . ., Los Angeles 1950.

Dargestellt wird in zwölf Büchern die Geschichte des Britenreiches von der Gründung durch Brutus bis zum letzten König Cadwalader. Etwa zwei Fünftel sind dem König Arthur als tapferem Kriegsherrn gewidmet.

Durch die erstmals erfolgten Aufzeichnungen der Geschichten Arthurs, Cymbelines, Lears, Gorboducs u. a. m. schien Licht in die dunkle Vorzeit Englands gebracht worden zu sein, was — meistens als Wahrheit hingenommen — nicht nur zahlreiche künftige Dichter ungemein anregte, sondern dazu beitrug, daß sich auch alle Gebildeten mit ihr beschäftigten, ein Beweis dafür, wie wach jetzt innerhalb normannischer Kreise das Interesse an der Vergangenheit war, und zwar an der keltischen[2]).

2. Kapitel

DIE „RENAISSANCE DES 12. JAHRHUNDERTS"

Was durch Heinrich I. (1100—35) angebahnt worden war und durch die unruhigen Regierungsjahre Stephans (1135—54) erschlaffte, konnte durch den tatkräftigen und regen Heinrich II. (1154—89) sowie durch seinen rührigen Hof erreicht werden: die aktive Teilnahme am allgemeinen geistigen und künstlerischen Erwachen Europas.

Das 12. Jh. war für das Abendland der Beginn eines neuen Lebensgefühls, das nach den verschiedensten Seiten menschlichen Ausdrucksvermögens Gestalt annahm. Augenfälligsten Niederschlag fand es in den großen Kathedralen, die im 12. Jh. begonnen wurden, und in der Gründung der ersten Universitäten, an denen vor allen Dingen die scholastische Philosophie und das wissenschaftliche Recht, das mit dem römischen Reich geschwunden war, aufblühten.

In der Dichtung war es das Jahrhundert der Troubadours, Chrestiens v. Troyes und des beginnenden Minnesangs. Heinrich II. (1154—89) und Richard Löwenherz (1189—99) bemühten sich um einen Anschluß Englands an diese „Renaissance des 12. Jhs.". Nach dem Vorbild von Paris wurden die Universitäten Oxford und — gegen Ende des Jahrhunderts — Cambridge gegründet.

[2]) Vgl. W. Nitze in PMLA 64 (1949), 585 ff. u. 1235.

A. Die großen Humanisten

Den ersten Platz unter den englischen Humanisten nach der normannischen Eroberung nimmt Johann v. Salisbury (c. 1115—80) ein. Die metrische Dichtung *Entheticus* (1157) zeigt John als Meister der üblich werdenden poetischen Philosophiedarstellung mit dem Bekenntnis zum humanistischen Studium als Bildungsgrundlage und der vom christlichen Standpunkt aus erfolgenden Würdigung der antiken Philosophen. Sie ist als Vorläufer zum *Policraticus* (1159), dem „Buch des Staatsmannes“, aufzufassen, das von den Pflichten des Herrschers, der Justiz und Verwaltung spricht, Bescheidenheit und Mäßigung empfiehlt und mit der Überzeugung schließt, daß der Gottesfürchtige allein glücklich sein kann.

Giraldus Cambrensis (c. 1146—1220) ist ein Musterbeispiel für Lebhaftigkeit und Vielseitigkeit sowohl in seinem Lebenslauf, als auch in seinen zahlreichen Büchern. Neben geschichtlichen Werken schrieb er auf Grund eigener Anschauungen die *Topographia* und *Expugnatio Hibernica* (1187) sowie die *Descriptio* und *Itinerarium Kambriae* (1188? bzw. 1191), die durch die lebhaften Schilderungen von irischen und walisischen Menschen, Sitten und Gebräuchen, erweitert durch eingefügte Sagen und Märchen, etwas Neues darstellten. Ebenso lebendig sind seine Autobiographien, einige hagiographische Werke und sein Fürstenspiegel *De principis Instructione*.

Als die lebendigste Persönlichkeit reiht sich zu den beiden vorangehenden Walter Map (c.1140 — c.1209). Er galt als witziger und schlagfertiger Unterhalter und als dauernder Bespötter der Mönche, wovon seine Geschichten und Anekdoten über geistliche und weltliche Fürsten, die er 1193 als *De nugis curialium* herausgab, nur einen schwachen Abglanz darstellen. Seine Volkstümlichkeit ging so weit, daß man ihm einige der berühmtesten ‚goliardischen Gedichte‘ zuschrieb (s. unten).

B. Humanistische Dichtungen

Bis auf wenige Ausnahmen stellten die meisten Werke der drei großen englischen Humanisten die Prosa in den

Mittelpunkt des lateinischen Schrifttums in England. Dennoch wurde eine Menge lateinischer Verse geschrieben, und zwar entweder im antiken, die Silben messenden Metrum, von dem Geoffrey v. Vinsauf[1]) den Hexameter in seiner *Poetria nova* ausführlich erläuterte, anpries und selbst exemplifizierte, oder in „rhythmischen", paarweise reimenden Versen, in denen Wort- und Versakzent zusammenfallen.

1. Die ‚goliardische' Lyrik

Die letzte Art ist vor allem in den ‚Goliarden'-Liedern[2]) vertreten. Bei ihnen handelt es sich um Vagantendichtungen, die zum größten Teil aus Frankreich stammten und von dort nach England, Deutschland, z. T. auch nach Italien gingen, vorgetragen oder abgesungen und nach Kräften ergänzt wurden. Wie groß der Anteil der einzelnen Länder an diesen internationalen, fröhlichen, häufig auch ausgelassenen, leichtfertigen und respektlosen, meist ganz der Gegenwart zugekehrten Bohèmedichtungen war, läßt sich nicht feststellen. Neben kurzen Liebes- und Trinkliedern, die augenscheinlich in England zurücktraten, stehen lange, z. T. weitschweifige. Vor 1150 kann nach England nur die *Apocalypsis Goliae episcopi* verwiesen werden, die in 110 vierzeiligen Strophen die räuberische höhere Geistlichkeit angriff. In einem ähnlichen Visionsgedicht, der *Metamorphosis Goliae episcopi* (c. 1150), beschimpfte ein verheirateter englischer Kleriker die Mönche, die Abaelard so schändlich mißhandelt hatten. *Ad terrorem omnium* verspottete die Zisterzienser. *De concubinis sacerdotum* forderte die Priesterehe, *De palpone et assentatore* richtete sich gegen Schmeichler. Auffallend ist bei den auf England weisenden Gedichten eine satirische, soziale oder politische Tendenz, die in der späteren Dichtung noch deutlicher wird.

Außer dieser in humanistischen Kreisen verbreiteten Gattung gibt es als Beispiele für die „rhythmische" Dich-

---

[1]) Vgl. J. Atkins, *English Literary Criticism*, Ldn. 1952, 95 ff.

[2]) Der Name erklärt sich aus dem Umstand, daß ein gewisser ‚episcopus' oder ‚pontifex', namens Golias, der zahlreiche Kinder oder Schüler besaß, die sich auf ihn berufen, häufig als Autor oder Vorfahre genannt wird.

tung nur noch wenige Einzelfälle; unter ihnen einige religiöse Gedichte und ein paar der im Mittelalter beliebten Streitgedichte, wie z. B. das zwischen Seele und Körper *(Altercatio canis et spiritus)*, zwischen verschiedenen Mönchsorden *(De Clarevallensibus et Cluniacensibus)*, zwischen Engländern und Franzosen *(Disputatio inter Anglicum et Francum)* oder das dichterisch wertvolle zwischen zwei Blumenjungfrauen *(De Phillide et Flora)*, in dem nach französischem Märchenmuster um einen Ritter und einen Kleriker als Liebhaber gestritten wird.

2. Satire und Epos

Das alte klassische Versmaß findet sich vornehmlich in zwei langen Satiren und einem Epos.

Nigel Wireker (c. 1130—1200) behandelte in seinem satirisch abenteuernden Narrenspiegel, dem *Speculum stultorum* (c. 1180), die Geschichte des Esels Burnellus und kennzeichnete an ihm in allegorischer Weise den ehrgeizigen Mönch im Kloster, dem empfohlen wird, nicht über seine Natur hinauszustreben, sondern seine ihm von Gott auferlegten Lasten zu tragen.

Die in 4296 Hexametern geschriebene allegorische Erzählung *Architrenius* (= „Erzweiner“) (c. 1184) gab Johann v. Auville Gelegenheit zu wiederholten und sehr ausgedehnten satirischen Ausfällen gegen Völlerei, Ehrgeiz, Anmaßung u. a. hauptsächlich bei Reichen, Geistlichen, Mönchen, Gelehrten und am Hofe.

Schließlich ist noch das Epos *De bello Trojanum* (c. 1184) zu erwähnen, das Joseph v. Exeter († c. 1210) als Jugendwerk verfaßte. Dieses Epos über den trojanischen Krieg war nur für humanistische Kreise geschrieben und ist in seiner konsequenten Durchführung ein Musterbeispiel für die ganze klassizistische Epik des Mittelalters. Immer erstreben die wirklichkeitsfernen, von allem Persönlichen abstrahierenden Darstellungen das Allgemeine. Es wurden nicht bestimmte Landschaften oder Frauen, sondern diese als platonische Ideen geschildert, wozu sich der Verfasser der in Poetiken seit langem zu Mustern ausgearbeiteten Schemata — der sog. ‚Kataloge‘ — bediente. Auch alles Geschehen wurde an sich — vom Menschen gelöst — dargestellt. Selbst psychologische Vorgänge — soweit sie überhaupt berührt sind — sah der Autor nur als typisch, nicht als individuelle Fälle an. Auch im strengen Bau der Hexameter versuchte der Verfasser, der Antike näherzukommen als jeder andere Humanist.

3. Kapitel

DAS SPÄTE MITTELALTER

Nachdem der Humanismus in England während der Renaissance des 12. Jhs. seinen Höhepunkt in verschiedenen literarischen Gattungen hauptsächlich schöngeistiger Dichtkunst erreicht hatte, siegte er im restlichen Mittelalter langsam dahin, ohne allerdings ganz zu sterben. Die Leistungen der Humanisten kamen im allgemeinen mehr der scholastischen Theologie und der mittelalterlichen Wissenschaft — im besonderen der sich in England herausbildenden empirischen Philosophie — als der eigentlichen Literatur zugute. Und was für diese entstand, waren bis auf die religiöse Lyrik und die ersten dramatischen Versuche Sammlungen aller Arten — sog. ‚Summen' — und Chroniken oder kleine, der Zeit stark verpflichtete Gelegenheitsdichtungen.

A. ‚Summen' und Chroniken

Im 13. Jh. ist die Sammeltätigkeit das Hauptkennzeichen der Humanisten. Walter Burleigh (1275—1345) stellte in *De vita et moribus philosophorum* Einzelheiten aus dem Leben und Anekdoten über 120 Dichter und Philosophen des Altertums zusammen. Alexander Neckham (1157—1217) schrieb u. a. *De naturis rerum* und *Laus divinae sapientiae* (1211), ‚Summen', in denen volkstümlich alles Wissenswerte aus dem Reiche der Natur, über die freien Künste, die Gesellschaftsklassen, den Hof u. a. m. geboten wurde. Gegen Ende des 13. Jhs. entstand wahrscheinlich die als *Gesta Romanorum* weit verbreitete Zusammenstellung moralischer Geschichten, die später von dem englischen Dominikaner Jean v. Bromyard alphabetisch geordnet und erweitert wurde. Richard v. Bury (1281—1345) sammelte nicht nur so viele Bücher, daß er mehr besessen haben soll, als alle anderen Bischöfe Englands zusammen, sondern verfaßte auch eine Abhandlung über diese Tätigkeit im *Philobiblon* (1344) „in der leichten Art der Modernen", wie er sich selbst ausdrückte, fern alles Schöngeistigen und damit alles wirklich Humanistischen.

Ihre alte Position hielten diese Lateinschreiber noch in der Historiographie. Die Klöster setzten ihre Chroniken fort, an der Spitze St. Albans mit Matthew Paris († 1259). Die seiner Feder entflossene siebenbändige *Chronica majora* wurde außer durch die Zusammentragung von Quellen, Korrespondenzen, Sittenbildern, Anekdoten u. a. neben den geschichtlichen Daten dadurch für die Folgezeit vorbildlich, daß der Chronist mit Gewissenhaftigkeit und Leidenschaft die selbst miterlebten Diskussionen und Begebenheiten von den Großen des Reiches wiedergab, die häufig in St. Albans auf dem Wege von oder nach London abstiegen. William Rishanger, Walter v. Hemingburgh, Robert v. Avesbury u. a. führten die Chronik des Klosters bis 1422 weiter. Aber weder hier, noch anderswo konnte dieselbe Höhe der Historiographie erreicht werden. Als eines der einflußreichsten Werke entstand noch in der ersten Hälfte des 14. Jhs. die *Polychronicon* genannte Weltgeschichte des Mönchs Ranulf Higden von der Chesterabtei, die mit der Erschaffung der Welt beginnt und zunächst 1327 endete, dann aber von anderen bis 1357 fortgesetzt wurde.

B. Religiöse, politische und soziale Dichtungen

Von dem, was nach dem 12. Jh. an lateinischer Dichtung entstand, ist die durch die Bettelorden im 13. Jh. inspirierte religiöse herauszunehmen, die durch das franziskanische Mitgefühl für alles Leidende gekennzeichnet ist (vgl. III, 3 Kap. A).

Innerhalb der lateinischen Lyrik fand diese Auffassung ihren tiefsten Ausdruck in der *Philomela* des Oxforder Franziskaners John Peckham († 1292), in der das Lied der Nachtigall in seinen Variationen zu den verschiedenen Stunden vor dem Tode in Parallele gesetzt wird mit den Erlösungsstufen einer frommen Seele. Ebenso neu und eindrucksvoll war der starke

Realismus, der in *De deliciis virginis gloriosae* den Schmerz der Jungfrau Maria über den blutigen und bleichen Gekreuzigten zum Ausdruck bringt. Auch John Hoveden († 1275) schrieb eine *Philomela*, in der — allerdings nicht in gleicher vollendeter Weise — das Leiden Christi und Marias tief empfunden wurde. Bemerkenswert ist noch die Marien- und Magdalenenlyrik des wegen seiner ‚Summen' bereits erwähnten Alexander Neckham.

Selbst im 14. Jh. entstanden noch einmal von Walter Wiburn Marienlieder. Aber von dieser und wenigen unbedeutenden anderen Ausnahmen abgesehen, fiel nach der durch die Franziskaner angeregten Lyrik die lateinische Dichtung ebenso ab wie die übrigen Gattungen und spielte entweder bloß anonym in der Liturgie zur Ausschmückung des Gottesdienstes eine bescheidene Rolle oder existierte als politische und soziale Dichtung neben der entsprechenden umfangreichen englischen (vgl. III, 3. Kap. B 1).

Unter den noch erhaltenen politischen Gedichten verdienen Erwähnung das 1264 entstandene über die *Schlacht bei Lewes*[1]), in dem der gefangengenommene schwache Heinrich III. (1216—72) mit tiefem Ernst auf sein Amt als Diener Gottes hingewiesen wird, aus dem 14. Jh. eins über die *Schlacht bei Nevile's Cross*[2]), zwei von 1367 über den *Spanischen Feldzug* des Schwarzen Prinzen (= Eduard III.)[3]) und zwei auf den Hundertjährigen Krieg[4]), aus denen die Abneigung oder der Haß gegen Frankreich sprechen. An Zahl übertreffen die Klagen, sei es über den Stolz, Geiz und Luxus der Prälaten[5]), über die Käuflichkeit der Bischöfe[6]) und Richter[7]), oder sei es über die große soziale Not, die besonders in der zweiten Hälfte des 14. Jhs. ein allgemeines Grollen auslöste, eine düstere Zukunft zeichnete[8]), auf den Wat Tyler-Aufruhr Bezug nahm und die Hintergründe kommentierte[9]), die Vernichtung der Lollarden (vgl. S. 89) als Störenfriede forderte[10]) oder schließlich 1391 die

[1]) T. Wright, *The Political Songs of England*, Ldn. 1839, 72 ff.
[2]) T. Wright, *Political Poems and Songs I*, Ldn. 1859, 40 ff.
[3]) Ders. (1859), 94 ff. [4]) Ders. (1859), 91 ff. u. 26 ff.
[5]) Ders. (1839), 27 ff. [6]) Ders. (1839), 44 ff.
[7]) Ders. (1839), 224 ff. [8]) Ders. (1859), 203 ff.
[9]) Ders. (1859), 224 ff. [10]) Ders. (1859), 231 ff.

Kirche als mitschuldig an der Pest und dem ganzen Elend hinstellte.

C. Die Anfänge des Dramas

Von der Folgezeit aus gesehen, kam in dem nach dem 12. Jh. lateinisch Geschriebenen das größte Verdienst den dramatischen Versuchen zu. Über den Anfängen des Dramas in England vor dem 13. Jh. liegt ziemliches Dunkel. Fest steht nur, daß es, nachdem das klassische einst von der Kirche verbannt worden war, aus ihrem Schoß neu geboren wurde, und zwar durch Erweiterungen der Liturgie[11]), die darin bestanden, daß man den nach Gregor d. Gr. († 604) erfolgten musikalischen Ausgestaltungen neue Texte unterlegte, sog. ‚Troparia' oder ‚Sequenzen'. Der älteste, aus St. Gallen stammende ‚Tropus' ist innerhalb der Ostermesse die Frage und Antwort nach dem Verbleib Christi an dessen Grab („Wen suchet ihr?" usw.). In dem Augenblick, in dem dieser ‚Tropus' unabhängig von der Messe beim Karfreitagsgottesdienst neben einfachen Handlungen am Kreuz gesprochen wurde — wie das der Winchester-‚Tropus' von 980 bezeugt —, war das erste geistliche Drama geboren, das im 12. und 13. Jh. durch die Apostel- und Krämerszene weitere Ausgestaltung erfuhr. Ähnlich dramatisierte und erweiterte man den Weihnachtsgottesdienst, bei dem die Krippe im Mittelpunkt stand; und auf der Suche nach anderen Möglichkeiten boten sich die Osternacht- und Palmsonntagsprozessionen, Kirchweihen und andere Riten zu dramatischen Darstellungen.

Diese Art war um die Mitte des 13. Jhs. fest ausgebildet, und bis zum Beginn des 14. hatten im gottesdienstlichen Spiel — ‚repraesentatio' oder ‚ludus' genannt — alle sich aus der Bibel bietenden wichtigen Gelegenheiten dramatische Gestaltung gefunden. Neben Bibelstoffen reizten Märtyrer- und Heiligengeschichten zur Dramatisierung. Von einem normannischen Mönch und Lehrer in St. Albans wissen wir, daß er bereits Anfang des 12. Jhs. für die Dunstable-Schule ein *Ludus de Sancta Katerina* vorbereitete und William Fitzstephen

---

[11]) Vgl. R. Pascal in MLR 36 (1941), 369 ff.; E. Chambers, *English Literature at the Close of the Middle Ages*, Oxf. 1947², chapt. I.

berichtet in der Vorrede zu seiner Lebensbeschreibung über Becket (c. 1180) von ähnlichen Märtyrerspielen aus London. Für das 13. Jh. sind solche aus Beverley, Lincoln. Salisbury und York bezeugt.

Die Aufführungen fanden anfangs in der Kirche statt, in denen sich gewisse Säulen als feste Plätze (domus, loci, sedes) für bestimmte Handlungen ergaben. Nachdem die Spiele umfangreicher geworden waren, wurden sie nach draußen verlegt, und die Handlungsplätze, die ‚Häuser', konnten ohne Schwierigkeiten nebeneinander angeordnet werden, was einer Szenenhäufung und der Entwicklung zu einer Darstellung sämtlicher biblischen Stoffe dienlich war, zumal als die inhaltliche Bindung an bestimmte Tage durch das 1264 vom Papst Urban geschaffene Fronleichnamsfest, das die Vorführung aller biblischen Geschichten eingliedern ließ, gefallen war. Diese Entwicklung geschah zu einer Zeit, als die Landessprache die Oberhand gewann und die Leitung der Spiele von der Kirche an die Zünfte überging, also etwa vom Ende des 13. Jhs. ab (vgl. III, 4. Kap. C).

II. ENGLANDS BEITRAG ZUR HÖFISCHEN WESTEUROPÄISCHEN LITERATUR

Wie oben (S. 66) dargelegt, erhob sich in den ersten Jahrhunderten nach 1066 auf englischem Boden neben der internationalen lateinischen Literatur das normannische Schrifttum so stark, daß es das heimische beschattete.

Wesentlicher als der erste Import der normannischen Sprache und des in ihr vorhandenen Schriftguts durch den Hof und die ihm ergebenen Staatsbeamten und Geistlichen war für die Literaturgeschichte der in den folgenden Jahrhunderten verbleibende enge Kontakt zwischen diesen und den westkontinentalen Kulturzentren. Da ein Teil der berühmtesten festländischen Dichter am englischen Hofe ebenso zu Hause war wie in der Heimat, und umgekehrt die Anglonormannen die enge Verbindung mit dem Kontinent aufrechterhielten, stellt die in England gepflegte höfische Literatur einen

Teil der französisch-normannisch-provenzalischen dar und muß als solcher gewertet werden.

Im Mittelpunkt stand auf der Insel natürlich der anglonormannische Hof. Über ihn hinaus blieb das Normannische nur auf kleine, allerdings einflußreiche Kreise begrenzt. Selbst in Städten wie Durham, Lincoln und Norwich hörte man die fremde Sprache selten, was wohl z. T. daraus zu erklären ist, daß sich sowohl die Amtsträger zur besseren Ausübung ihrer Pflichten als auch die geschäftigen ausländischen Kaufleute die Mundart der Besiegten aneigneten; umgekehrt bemühten sich gewisse englische Kreise, Normannisch zu erlernen, so daß sich neben der Dreisprachigkeit in der Oberschicht allmählich auch in mittleren Gesellschaftsklassen eine Zweisprachigkeit herausbildete, zu der gewiß auch Heiraten untereinander — spätestens von der zweiten Generation nach 1066 ab — nicht unwesentlich beitrugen.

Da jedoch für die breiten Massen — wahrscheinlich auch für die niedrige Geistlichkeit — das Anglonormannische eine fremde Sprache blieb, hatten sie auch keinen direkten Anteil an der höfischen Literatur. Nur insofern, als die auf einen kleinen Kreis beschränkte normannische Dichtung das im Laufe der Jahrhunderte erstehende heimische Schrifttum beeinflußte, ist es innerhalb der englischen Literaturgeschichte des Mittelalters von Interesse und bedarf zum Verständnis dieser einer kurzen Darstellung.

1. Kapitel

BIS ZUR MITTE DES 12. JAHRHUNDERTS

Ebensowenig wie unmittelbar nach der Eroberung eine zentrale Lenkung des lateinischen Schrifttums stattfand (vgl. S. 67), wurde durch den mit den politischen und sozialen Obliegenheiten voll beanspruchten Wilhelm (1066—87) und durch seinen literarisch uninteressierten Sohn Rufus (1087—1100) die normannische Dichtung gefördert. Das geschah vielmehr wiederum erst von Heinrich I. (1100—35) an, dessen zweite Frau, Adeliza v. Brabant, französischen Geschmack mitbrachte, bewahrte und pflegte.

A. Philipp v. Thaün

Aus dieser Zeit sind neben einigen religiösen Stücken — der Psalter wurde zweimal ins Französische übertragen — vor allem die Werke des am Anfang der langen Reihe französisch dichtender Anglonormannen stehende Philipp v. Thaün bekannt. Sein in sechssilbigen Versen geschriebener *Cumpoz* von 1119 ist eine Abhandlung über die beweglichen Feste, denen er gewisse symbolische Deutungen beigab. Er verfaßte auch neben anderen Anglonormannen ein *Lapidaire*, in dem er von der seltsamen Herkunft und Wirkung kostbarer Steine handelte. Sein *Bestiaire* (c. 1125) mit wundersamen Tiergeschichten und anschließenden recht erzwungenen Belehrungen widmete er der Königin Aélis (= Adeliza)[1].

B. Die Brendanlegende

Dasselbe tat der Mönch Benedictus — wodurch die Bedeutung dieser Königin für die Literaturförderung unterstrichen wird — mit seiner *Brendan*-Legende (c. 1121), durch die abenteuerlicher irischer Stoff ins Mittelenglische eingeführt wurde: Der irische Abt Brendan sucht mit seinen Gefährten in einer Zauberbarke eine andere Welt und kommt auf seiner siebenjährigen Reise u. a. zur Felseninsel, auf der sich ein Tischlein-deck-dich befindet, zur schimmernden Insel, die sich als Rücken eines Meerungeheuers herausstellt, und zur Vogelinsel, deren Vögel Seelen sind. Eine Paradiesvision belohnt schließlich die mit zahlreichen Wundern verbundenen Mühen.

2. Kapitel

DIE BLÜTE DER ANGLONORMANNISCHEN DICHTKUNST

Unter Heinrich II. (1154—89) und Richard Löwenherz (1189—99) nahm England nicht nur regsten Anteil an der humanistischen Renaissance des 12. Jhs. und förderte sie durch die Hauptwerke der drei großen englischen Humanisten sowie durch die lyrische, satirische und epische Dichtung (vgl. I, 2. Kap. A u. B 1, 2), sondern

[1] Vgl. A. Krappe in MLN 59 (1944), 325 ff.

unter diesen Königen entwickelte sich der englische Hof auch zu einer Hochburg normannischer Gelehrsamkeit und Dichtkunst und wurde zu einem bedeutenden Mittelpunkt für die gesamte westkontinentale Literatur. Die wichtigste Veranlassung dazu war Heinrichs II. Ehe mit Eleanor v. Aquitanien, wodurch eine enge Verbindung zu südfranzösischen Fürstenhöfen hergestellt und dadurch verstärkt wurde, daß u. a. Bernard v. Ventadour, mit dem die provenzalische Kunstpoesie ihre Blüte erlebte, Eleanor nach England folgte. Weil schließlich König Richard selbst Troubadoureigenschaften besaß, konnte die Literatur an den Höfen Südfrankreichs und Englands in sehr ähnlicher Weise aufblühen.

A. Religiöse und geschichtliche Werke

Die Reihe beachtenswerter religiöser Dichtungen begann schon um 1140 mit der Übertragung der *Sprüche Salomos* von Samson v. Nanteuil in annähernd 12 000 französischen Versen. Gegen Ende des 12. Jhs. bearbeitete der Normanne Chardri in Versen die Legende von *Barlaam und Josaphaz,* in der Josaphat als Sohn eines Hindukönigs von dem Einsiedler Barlaam zum Christentum bekehrt wird, und von den *Sieben Schläfern,* die nach 362 Jahren zur Zeit Theoderichs wieder erwachen. Im *Petit plet* gab derselbe Dichter das Gespräch zwischen einem Greis und einem Jüngling wieder, der durch viele Vernunftgründe dem Alten die Todesfurcht und Zweifel nehmen will. Daneben erschienen zahlreiche Heiligenleben, wie die *Vie de Saint Thomas le Martyr* des Mönchs Guernes, die *Vie de Thomas Becket*[1]) von Beneit und die *Vie Seint Edmund le Rei* von Denis Piramus.

Der Historiographie kam die um 1150 von Geoffrey Gaimar[2]) verfaßte Verschronik zugute, deren aus rd. 6500 Achtsilblern bestehender zweiter Teil, *Estoire des Engleis* (zw. 1138 u. 1140), in 800 einleitenden Versen die Geschichte Haveloks berichtete, die in der späteren englischen Literatur eine so bedeutsame Rolle spielte (vgl. III, 3. Kap. B 2).

---

[1]) Vgl B. Schlyter in ‚*Études Romanes de Lund*' IV, Lund 1941.
[2]) Vgl. A. Bell in MÆ 7 (1938), 184 ff.

B. Die ‚bretonischen Lais‘

Diese kurze Geschichte über Havelok und eine vor dieser zwischen 1130 und 1140 anonym erschienene Darstellung des gleichen Stoffs können als Vorläufer der unter dem Namen ‚Lais‘ bekannten Versnovellen angesehen werden, die in paarweise reimenden Achtsilblern abgefaßt sind, hauptsächlich von Liebe und wunderbaren Begebenheiten handeln und sich unter Marie de France († 1200) am Hofe besonders ausbildeten. Da viele von ihnen walisische oder bretonische Themen, Namen oder Schauplätze aufweisen, bezeichnete man sie auch als ‚bretonische‘ Lais.

Marie, die am englischen Hofe lebte und ihre Dichtungen Heinrich II. widmete, bildete alte legendäre Geschichten in dem angedeuteten Sinne um, vor allem unter Betonung der höfischen Minnekultur. So erscheint im *Lai au Chievrefeuil* (1165) gleichnishaft zu Geißblatt und Hasel, deren Trennung Tod für beide bedeuten würde, die Liebe zwischen Tristan und Isolde als naturgegebene und deshalb geheiligte Bindung[3]). Auch ihre sonstigen Geschichten, im ganzen zwölf — darunter *Les Dous Amanz, Milan, Le Fresne* und *Lanval* —, stellen Bewährungen der Liebe dar, ein auch von anderen anglonormannischen Dichtern bevorzugtes Thema, wie das der sehr populäre *Amis and Amilun* oder zwei weitere aus dem Ende des 12. Jhs. stammende Episodengedichte von Tristan *(Donnei des Amants* und *La Folie Tristan)* beweisen. Im *Lai del desiré* behandelte ein Unbekannter dasselbe Thema wie im *Lanval,* und um die Mitte des 12. Jhs. verfaßte Robert Biket den *Lai du cor,* die Geschichte eines Horns, aus dem nur der Gatte einer treuen Frau trinken konnte.

C. Höfische Versromane

Am Hofe vorherrschend war die als ‚Romances‘[4]) bekannte Gattung der langen Versromane, für die sich

[3]) Vgl. G. Frank in PMLA 63 (1948), 405 ff.

[4]) „Romance", von dem lat. Adverb „romanice" hergeleitet, nahm im Vulgärlatein die Sonderbedeutung von „französisch geschrieben" an und wurde allmählich zur Bezeichnung der volkstümlichsten Gattung der Versromane verwendet.

die gegenseitige französisch-englische Beeinflussung und Verschmelzung unter Zuhilfenahme walisischer Elemente als besonders fruchtbar erwies.

Schon kurze Zeit nach Beendigung der als Geschichte vorgegebenen lateinischen Arthurdarstellung Geoffreys v. Monmouth (vgl. S. 69 f.) erschienen französische Versübertragungen — darunter eine von Geoffrey Gaimar[5]) — und knappe zwei Jahrzehnte später die der Königin Eleanor gewidmete dichterische Bearbeitung des Normannen Wace (1100—75): *Roman de Brut*[6]) (1155), in dessen 15 000 Achtsilblern durch Fortlassung rätselhafter und sagenhafter Züge und durch Erweiterungen — u. a. wird die später bedeutsame Tafelrunde dreimal erwähnt —, durch die weit ausgesponnene Darstellung höfischer Liebe und durch die Dramatisierung wichtiger Geschehnisse Wace dem Geschmack der Normannisch verstehenden Hörer Rechnung trug[7]).

Keltischer Stoff lag dem fragmentarisch überlieferten *Tristan*-Roman (c. 1170) des Anglonormannen Thomas zugrunde. Während Geoffrey v. Monmouth und Wace alte epische Erzählungen nur so weit der ritterlichen Zeit angenähert hatten, daß nationale Züge gewahrt blieben, gestaltete Thomas den Tristanstoff ganz zum Ausdruck höfisch-ritterlicher Kultur der damaligen Zeit um. In den Vordergrund rückte die zwischen Tristan und Markes Frau verherrlichte Liebe, der gegenüber sich alles andere beugen muß. Ehebruch gilt nicht als Verbrechen, die Liebenden werden nicht vernichtet, sondern in einen Wald verbannt. Das Waldleben ist aber keineswegs elend, sondern bedeutet ungetrübte Seligkeit. In Ehren dürfen die Liebenden schließlich wieder an den Hof zurückkehren.

Ein anderer Anglonormanne, Robert v. Boron[8]), verfaßte mindestens zwei demselben bretonischen Sagenkreise angehörenden Romane: *Joseph d'Arimathie*, der in rd. 4000 Versen die Herkunft des Grals darstellte,

---

[5]) Vgl. A. Bell in MLR 34 (1939), 321 ff.

[6]) Brut (= Brutus), ein Urenkel des Æneas, galt als Stammvater von Bryt (= Britannien). ‚Brut' entwickelte sich später zum Begriff ‚Chronik'.

[7]) Vgl. M. Houck, *The Sources of the Roman de Brut of Wace*, Berkeley 1941.

[8]) Vgl. W. Nitze in MPh 40 (1942), 113 ff.

und *Merlin*, in dem die Vorgeschichte des Grals mit Arthurs Hof verbunden wird.

Um 1180 erzählte ein gewisser Thomas, der nicht mit dem *Tristan*-Dichter identisch ist, die Geschichte des Königs *Horn et Rimel*, die ebenfalls die spätere englische Literatur anregte (vgl. S. 114), und schließlich stellte die anonyme, noch ungedruckte längste aller anglonormannischen ‚Romances' von rd. 22 000 Versen aus dem Ende des 12. Jhs., *Waldef*, den tragischen Kampf eines ae. Königs um seinen Thron und die Rache von dessen Söhnen an den Mördern ihres Vaters dar.

Auch der klassische Sagenkreis lieferte für ein paar Romane Stoff. Eingeführt wurde er in England durch Benoît v. Sainte Maure mit seinem 30 000 Verse langen *Roman de Troie* (c. 1165), der wie Waces *Brut* der Königin Eleanor gewidmet war. Besonderes Interesse erweckte später die hier erstmalig anzutreffende Troilus und Briseida- (Cressida-) Geschichte (vgl. III, 4. Kap. D 5).

Zwei Romane von je rd. 10 000 Versen über pseudoklassische Themen waren das Werk von Hue v. Rotelande: *Ipomedon* (c. 1185)[9]), der danach ringt, sich durch ritterliche Taten seiner Geliebten würdig zu erweisen, und *Prothesilaus* (c. 1190), der den Streit und das Übereinkommen zwischen den beiden Söhnen Ipomedons schildert.

Aus derselben Zeit und von ähnlicher Länge ist Thomas v. Kents *Roman de toute Chevalerie*, eine noch nicht gedruckte Geschichte Alexanders d. Großen.

3. Kapitel

DAS SPÄTE MITTELALTER

Wie die lateinische, so hatte auch die anglonormannische Literatur nach dem Ausgang des 12. Jhs. ihren Höhepunkt überschritten. Sie ging wie jene in demselben Maße zurück, wie die englische Sprache und mit ihr das englische Schrifttum in der Oberschicht Eingang fanden, was nicht ausschloß, daß noch französische Werke bis zum Ende des 14. Jhs. abgefaßt wurden.

[9]) Vgl. Ch. Livingston in MPh 40 (1942), 117 ff.

A. Romane und ‚Summen'

Nach der rührigen Pflege der Versromane durch die Höfe Heinrichs II. (1154—89) und Richards (1189—99) versiegte diese Hauptgattung. Nur wenige Beispiele wie *Gui de Warewic* und *Boeve de Haumtone* beweisen, daß sie in der ersten Hälfte des 13. Jhs. noch nicht tot war. Sonst ging sie jetzt andere Wege.

In der *Queste del Saint Graal* (c. 1220) ist Parzival durch einen jungfräulichen Ritter Galahad ersetzt und die Frau erscheint als Werkzeug der Sünde; und in dem sehr langen Prosaroman *Lancelot du Lac* (c. 1225) wird das ritterliche Ideal vom asketischen, der Arthurhof vom Gottesstaat abgelöst. In der Zusammenfassung der erwähnten *Queste del Saint Graal* mit der *Estoire del Saint Graal, Merlin, Lancelot* und *Mort d'Artur* stellt er eine ‚Summe' (vgl. S. 74) dar, ebenso wie der alle Tafelrundenritter behandelnde Prosaroman, der um 1230 wahrscheinlich von Lucas v. Gast zusammengestellt wurde und kaum noch etwas von der ritterlichen Weltanschauung wahrte.

Daß selbst die Romane dem Charakter der ‚Summen' verfielen, lag an der auch sonst im 13. Jh. üblichen Tendenz der Sammlungen. Neben den lateinischen (vgl. S. 74 f.) erschienen solche in normannischer Sprache: entweder „wissenschaftliche" von nur geringem literarischen Wert oder allgemeinbildende Abhandlungen wie das *Secretum Secretorum* oder meistens theologische Encyclopädien mit moralischer Absicht. So trug Robert v. Gretham in 20 000 Versen in seinen *Evangiles des domnees* Predigterläuterungen zu den Sonntagsevangelien zusammen; Peter v. Peckham gab das Glaubenslehrbuch *Lumiere as lais* (c. 1266) von rd. 15 000 Zeilen in Fragen und Antworten heraus; Wilhelm v. Wadington erzählte in den 11 000 Versen seines *Manuel des Pechiez* hauptsächlich erläuternde Legenden, Wunder, Beispiele und Visionen.

B. Chroniken und Biographien

Am rührigsten waren die anglo-französischen Schriftsteller im 13. Jh. auf historiographischem Gebiet, entweder aus Interesse an der geschichtlichen Vergangenheit des nunmehr seit 200 Jahren beherrschten Landes oder aus der Tradition normannischer Fürsten, Berufsdichter mit der verherrlichenden Darstellung ihrer oder ihrer Vorfahren Taten zu beauftragen. Nachdem erstmals Jordan Fantosme in einer *Chronik* (c. 1183) von rd. 2000 Versen die Ereignisse des Krieges mit Schottland 1173—74 als Augenzeuge beschrieben hatte, verfaßte ein Unbekannter um 1226 die *Conqueste d'Irlande* nach zeitgenössischen Schilderungen. Um 1245 widmete Heinrich v. Avranches *La Estorie de Seint Aedward le Rei* in 4680 Zeilen der Königin. Ein Mönch aus Canterbury, Peter v. Ickham, schrieb in der zweiten Hälfte des 13. Jhs. in Prosa sein *Livere de reis de Britannie et le livere de reis de Engletere*. Und noch 1311 lieferte Peter v. Langtoft mit rd. 10 000 Versen einen ähnlichen Abriß der englischen Geschichte.

C. Die Dichtung

Bezeichnend für die gesamte anglonormannische Literatur ist, daß sich in ihr nur sehr wenig Lyrik findet. Ebensowenig wie auf dem Kontinent zeigte der mehr auf das Praktische und Gesellige gerichtete Normanne in England Sinn für sie. Infolgedessen erklangen selbst während der höfischen Blütezeit kaum lyrische Saiten außer in einigen traditionellen Volksliedern — hauptsächlich den im Vergleich etwa zu den englischen kalt anmutenden ‚chansons d'amour' (vgl. S. 111) — und in konventionellen, international gepflegten religiösen Gedichten und Hymnen. Auch die tiefgreifende franziskanische Mönchsbewegung des 13. Jhs. fand im Gegensatz zur lateinischen und englischen Dichtung (vgl. S. 75 f. u. 102 ff.) kaum Widerhall. Nennenswert sind nur einige allegorische Gedichte zum Preise Marias, unter denen das *Chasteau d'Amour* (c. 1245) des Scholastikers und Rektors der ersten Franziskanerschule in Oxford Robert Grosseteste (1175—1253), das bedeutendste ist[1]).

Verhältnismäßig häufig schien auch bei den Normannen und denen, die ihnen nahestanden, die Gedichtform benutzt worden zu sein, um in sie alle aus der Zeit geborenen Stimmungen über Mißstände zu

[1]) Vgl. S. Thomson, *The Writings of Robert Grosseteste*, Cambr. 1940.

gießen. So klagte im 13. Jh. u. a. ein *Lied der Kirche*[2]) über die hohen Steuern, die der König der Geistlichkeit auferlegte, und ein *Lied auf die Zeit*[3]) gab in lateinischen und französischen Strophen der allgemeinen Unzufriedenheit Ausdruck. Diese Art sozialer Dichtung hielt sich noch bis ins 14. Jh. hinein neben einigen politischen Gedichten — wofür das 1340 verfaßte *Reihergelübde*[4]) als Beispiel dienen mag —, stand jedoch zu dieser Zeit bereits ganz im Schatten der wuchernden englischen (vgl. III, 3. Kap. B 1).

III. DIE MITTELENGLISCHE LITERATUR

GESCHICHTLICHE GRUNDLAGEN UND LITERARISCHE ÜBERLIEFERUNG

Ähnlich wie sich in der ae. Zeit die einzelnen Abschnitte durch die wechselvollen Kämpfe mit einem äußeren Feinde — den Skandinaviern — ergaben, entstehen auch in der mittelenglischen die sehr unterschiedlichen Perioden letzten Endes durch die Auseinandersetzungen mit fremden Eindringlingen — den germanischen romanisierten Normannen.

Nachdem Wilhelm d. Eroberer den letzten vom Volke gewählten ae. König Harold 1066 bei Hastings (Senlac) geschlagen hatte, unterwarf er im Laufe der nächsten vier Jahre ganz England und führte eine neue Staatsordnung nach dem Muster des romanischen Feudalismus ein, wodurch alle Gewalt von seinem Hofe ausging.

Bis zum 13. Jh. stand das englische Volk unter der normannischen Fremdherrschaft. Und während die normannischen Könige (1066—1154) und Heinrich II. (1154 bis 1189) ein mächtiges Reich aufbauten und sich auf englischem Boden in höfischen Kreisen eine hohe anglonormannische Kultur und unter den Gebildeten humanistischer Geist entfalteten, hatte das englische Volk keinen Anteil an alledem. Vielmehr fristete es in den ersten anderthalb Jahrhunderten nach der Unterwer-

---

[2]) T. Wright (1839), 42 ff.
[3]) Ders. (1839), 133 ff.
[4]) Ders. (1859), 1 ff.

fung abseits vom politischen und fremdartigen kulturellen Geschehen ein Dasein, das keine Aussicht auf Wiedergewinnung seiner Selbständigkeit und eigenen Wohlstandes bot.

Die Möglichkeiten für seinen Aufstieg eröffneten sich erst allmählich in dem Grade, wie die Normannenherrschaft verfiel oder eingeengt wurde. Das begann außenpolitisch 1204 mit dem Verlust der Normandie und innenpolitisch 1215 durch die ‚Magna Charta', die die unumschränkten Rechte des Königs zunächst zugunsten der geistlichen und weltlichen Großen, darüber hinaus aber ebenso zum Wohle der englischen Bürger einschränkte. Mit dem in den Städten aufblühenden Handwerk und Handel erstarkte die Macht des englischen Bürgertums, das sich zu Handwerker- und Kaufmannsgilden zusammenschloß und sich immer mehr Rechte erkaufen konnte, wodurch sein Einfluß auf die Lenkung der Staatsgeschäfte begann. Nachdem bereits gegen Ende des 13. Jhs. alle größeren Städte eigene Gerichtsbarkeit, Selbstverwaltung und Steuerrechte besaßen, entwickelte sich der Einfluß des Bürgertums bis zum Regierungsantritt Eduards III. (1327) so weit, daß es als vierter Stand mit dem Kleinadel zusammen im Parlament das Unterhaus bilden und seine Belange vertreten konnte, und zwar auch in außenpolitischen Angelegenheiten, die in wachsendem Maße von den Interessen des englischen Handels und Gewerbes bestimmt wurden. Die Unterwerfungen Schottlands und Wales, die Eduard I. (1272—1307) besorgte, und der Krieg gegen Frankreich, der unter Eduard III. (1327—77) im Jahre 1337 als ‚hundertjähriger' begann, waren nicht mehr bloß Sache der Könige, sondern auch des im ‚House of Commons' vertretenen Volkes. Die Eroberung von Calais (1347) sowie die Siege von Crécy (1346) und Poitiers (1356) trugen wesentlich zur Stärkung des lange toten und im 14. Jh. allmählich wieder wach werdenden Nationalgefühls bei.

Äußerlich dokumentierte sich der Auftrieb des Englischen an dem Vordringen der Landessprache. In der zweiten Hälfte des 13. Jhs. begann sie in Adelskreisen das Anglonormannische zu ersetzen. Außer an gewissen ‚Colleges' und einigen Schulen wurde sie Anfang des

14. praktisch überall gesprochen. Ein Gesetz bestimmte 1362, daß alle Prozesse in ihr zu führen seien, und vom folgenden Jahre ab wurden die Parlamentssitzungen in Englisch eröffnet.

Störend und besorgniserregend stellte sich dem Aufblühen des Bürgertums die Entwicklung der Landbevölkerung in den Weg. Das Manor-System, nach dem die Grundbesitzer etwa drei Viertel ihrer Ländereien (= Manors) gegen Dienstleistungen an Pächter verteilten, war durch die mögliche Freikaufung der Leibeigenen erschüttert worden. Schon die Abwanderung freier Landarbeiter in die Städte, die besseren Verdienst boten, verringerte die Zahl und erhöhte den Lohn der auf dem Lande verbleibenden Arbeitskräfte, was gleichzeitig zur Unrentabilität der Güter führte. Mehr jedoch trugen eine falsche Kornpreispolitik und Mißernten, vor allem aber der ‚Schwarze Tod‘ — eine von Frankreich 1349 eingeschleppte Pest — dazu bei, das Manor-System zusammenbrechen zu lassen.

Die zu spät versuchte Rückzwingung der Landarbeiter auf die Güter unter ungünstigen Lebensbedingungen zu einer Zeit, wo Wyclif[1]) und seine Schüler, die sog. ‚Lollarden‘, ihre Gedanken gegen den Reichtum der Kirche und über Freiheit ins Volk trugen, führte zunächst zu kleinen Unruhen und schließlich 1381 zur ‚Großen Revolte‘, in deren Verlauf einer der Anführer, der kentische Priester John Ball, gewaltsam aus dem Gefängnis befreit wurde und Wat Tyler mit Massengefolge gegen London zog.

Im 15. Jh. kam es schließlich zu einer tiefen Umschichtung der englischen Gesellschaft. Während zunächst Heinrich V. (1413—22) seinen Ansprüchen auf die französische Krone durch die Siege bei Harfleur und Agincourt (heute Azincourt) Nachdruck verleihen konnte, mußte Heinrich VI. (1422—61) am Ende des ‚Hundertjährigen Krieges‘ (1453) Frankreich, außer Calais und den normannischen Inseln, aufgeben. Zwei Jahre später begannen zwischen den Häusern Lancaster und York die sog. ‚Rosenkriege‘, die unter Eduard IV. (1461—83) und Richard III. (1483—84) weiterwüteten und 1485 mit

[1]) Vgl. über die Schreibung J. Dahmus in Sp 16 (1941), 224 f.

der Thronbesteigung des ersten Tudors, Heinrichs VII. (1485—1509), endeten.

In demselben Maße wie sich die im Feudalsystem verankerten Bindungen lockerten, bildeten sich aus den zu Wohlstand gelangenden Freisassen sowie aus den immer mächtiger werdenden Handwerker- und Kaufmannsgilden selbstbewußte Klassen heraus, die während der Zerfleischung des Adels zu einem wichtigen Machtfaktor im Parlament wurden und aus Nationalbewußtsein mit ihrem Reichtum dem gesamten Lande dienen wollten.

An die Stelle der jahrelangen Kluft zwischen Adel und Leibeigenen trat im 15. Jh. ein mit Revolten verbundener sozialer Gegensatz zwischen begüterten Freisassen und Lohnarbeitern auf dem Lande, und zwischen wohlhabenden Meistern und den vom Besitz ausgeschlossenen Gesellen in den Städten.

Die konservative Kirche trug durch ihre passive Haltung nur indirekt zu dem tiefgreifenden Wandel der zwischenmenschlichen Beziehungen bei. Dadurch daß ihre Führer, die immer mehr von den Sorgen der ihnen überantworteten weltlichen Ämter beansprucht wurden, so gut wie nichts gegen die beständig lauter werdenden Anwürfe auf die korrupten Zustände unternahmen, gaben sie den Wandermönchen, den Ablaßpredigern, den Lollarden und den zahlreichen frommen und weltlichen Pilgern weiten Betätigungsraum und leisteten ungewollt der Ausbreitung revolutionierender Gedanken — und damit der Vorbereitung auf eine neue Zeit — Vorschub.

Der sich zwischen dem 11. und 16. Jh. abspielende innere Kampf der Engländer um die Vorherrschaft in ihrem von den Normannen unterworfenen Lande läßt — von den Eingeborenen her grob gesehen — etwa von der Mitte des 12. Jhs. ab vier Perioden erkennen, die im Zeichen dieser Auseinandersetzungen standen und die auch in der me. Literatur ihren Niederschlag fanden. Vermehrt um einen einleitenden Abschnitt, der das geringe, noch erhaltene oder bezeugte älteste Schriftgut der me. Zeit aufzuzeigen versucht, ergeben sich somit für die me. Literaturgeschichte fünf Kapitel:

1. Das heimische Schrifttum bis um die Mitte des 12. Jhs.,
2. Die Periode des asketischen Lebensziels (bis zum ersten Drittel des 13. Jhs.),
3. Das Zeitalter des aufsteigenden Bürgertums (von c. 1230 bis zur Mitte des 14. Jhs.),
4. Die Jahrzehnte des erwachenden Nationalbewußtseins (von c. 1350 bis zum Beginn des 15. Jhs.),
5. Das Jahrhundert der sozialen Umschichtung (15. Jh.).

Die meisten der noch erhaltenen me. Werke befinden sich heute zu Hunderten hauptsächlich im ‚British Museum' von London, der ‚Bodleian Library' in Oxford, der ‚University Library' von Cambridge und den Büchereien zahlreicher ‚Colleges', zu Dutzenden in fast allen Kathedral- oder Staatsbibliotheken und in Einzelexemplaren über das ganze Abendland verstreut. Den besten Überblick über das vorhandene me. Schrifttum vermittelt J. E. Wells in seinem *Manual of the Writings in Middle English 1050—1400* (1923) und den neun Supplementbänden. Die me. Dichtungen verzeichnen C. F. Brown & R. H. Robbins in *Index of Middle English Verse*, New York 1943.

Die frühesten Drucklegungen me. Texte begannen bereits mit Caxton (c. 1422—91) von 1477 ab. Für weitere Kreise zugänglich wurden jedoch erst die seit der Mitte des 18. Jhs. erscheinenden Ausgaben. Seitdem haben sich darum zahlreiche Gelehrte und viele nach 1810 entstandene Gesellschaften bemüht, unter denen sich die 1864 gegründete ‚Early English Text Society' (EETS) die größten Verdienste erworben hat[2]).

1. Kapitel

DAS HEIMISCHE SCHRIFTTUM BIS UM DIE MITTE DES 12. JAHRHUNDERTS

Unter der internationalen christlich-humanistischen und der westkontinentalen höfisch-feudalen Kultur vegetierte bei der großen Masse des englischen Volks

[2]) Vgl. F. Schubel, *Die gedruckte Wiedergabe mittelenglischer Handschriften*, in: A 66 (1942), 129 ff.

eine bodenständige Literatur. Da ihr im Gegensatz zur lateinischen und anglonormannischen jahrhundertelang eine zentrale Pflege und Förderung fehlte, war sie bei ihrer inhaltlichen Einfachheit ungleichwertig, je nachdem, ob sie die sozial heruntergedruckten Landbesitzer, das Bürgertum der aufsteigenden Städte, den niederen Klerus, Mönche, Nonnen oder andere Klassen im Auge hatte. Wegen des Fehlens einer sprachlichen Norm zersplitterte sie außerdem in zahlreiche, z. T. sehr stark differenzierte Dialekte, unter denen in den noch erhaltenen literarischen Zeugnissen die des ehemaligen Westsachsenreiches Alfreds und seiner Nachfolger vorherrschen, was die einst gefestigte Tradition unterstreicht.

A. Pflege des altenglischen Dichtguts

Ein Beweis für das Weiterleben bodenständiger Literatur nach der Ankunft der Normannen liegt in der Tatsache, daß ae. Dichtgut noch bis ins 12. Jh. hinein abgeschrieben wurde. Diesem gehören zwei der sechs Handschriften mit westsächsischen Evangelien, ferner einige Kopien von König Alfreds *Boethius* (vgl. S. 48 f.), von den *Distichen Catos* (vgl. S. 49 Anm. 4) und von zahlreichen *Homilien* an. Auch die *Angelsächsischen Annalen* (vgl. S. 57 f.) wurden in Peterborough bis 1154 fortgesetzt.

Aus dem 12. Jh. erfahren wir außerdem durch Wilhelm v. Malmesbury (vgl. S. 58), daß altheimische Balladen und Lieder — z. B. über Æthelstan, Edgar und Gunhilda — immer noch gesungen wurden; und Heinrich v. Huntingdon streute alte Balladen — leider in lateinischen Übertragungen (vgl. S. 58) — in seiner *Historia Anglorum* ein. Eine Reihe von Untersuchungen[1]) der letzten 20 Jahre hat aufzeigen können, daß der Umfang der nach 1066 weiterlebenden ae. Literatur größer war, als man ursprünglich annehmen konnte.

B. Die frühmittelenglische Prosa

Daß unmittelbar ans Altenglische angeknüpft wurde, ergibt sich auch aus der ersten erhaltenen me. Literatur, die in ihren ältesten Stücken der Prosa angehört.

[1]) Vgl. R. Wilson, *Lost Literature of Medieval England*, Ldn. 1952.

Die *Lambeth* und *Trinity Homilien,* umfassende Sammlungen von Predigten und ähnlichem, basieren auf älteren Originalen, die an Ælfric anknüpfen. Eine dritte Sammlung, die *Bodley Homilien,* stellt fast ganz eine Bearbeitung der Predigten und Heiligenleben Ælfrics, Wulfstans oder anderer ihrer Zeitgenossen dar, und auch die etwas späteren *Vespasian and Kentish Homilies* sind ohne jene nicht möglich.

Neben diese Erbauungsliteratur stehen nur ein paar wertliche Stücke. Literarisch wertvoll sind nur die sog. *Proverbs of Alfred* (c. 1150), eine Sammlung[2]) von Sprichwörtern, die ungerechtfertigt Alfred (871—899) zugeschrieben wurde. Unter ihnen befinden sich allgemeingehaltene Lebensregeln, Weisheitssprüche für Freundschaften, unangebrachtes Vertrauen, Schweigsamkeit gegenüber Frauen, Gattenwahl, Mäßigkeit u. a. m.

C. Die erste mittelenglische Poesie

Gegenüber der für die me. Prosa festzustellenden deutlichen Breite einer Anknüpfung ans Altenglische läßt sich diese für die me. Poesie nur an einer Stelle aufzeigen: Die *Worcester-Fragmente* enthalten u. a. ein Gedicht über das Thema *Körper und Seele* und ein Bruchstück *Das Grab* von 25 alliterierenden Zeilen — beide aus dem Altenglischen (vgl. S. 62) im Gewand des 12. Jhs.[3]).

Als erstes selbständiges me. Gedicht gilt Knuts Gesang, der mit der Entstehungsgeschichte überliefert ist: Von der Königin Emma und wichtigen Persönlichkeiten begleitet, hörte Knut auf einer Bootfahrt Kirchenmusik von Ely übers Wasser schallen. Auf Englisch gab er seinen starken Eindruck in Form eines Lobliedes auf eine Begebenheit im Kloster zu Ely wieder.

Um die Mitte des 12. Jhs. entstanden drei höfisch anmutende *Hymnen St. Godrics,* dessen Leben mit 105 Jahren als Eremit bei Durham endete[4]). Er verherrlicht

[2]) Vgl. O. Arngart, *The Proverbs of Alfred,* Lund 1942; ders. in ESts 30 (1949), 164 ff.
[3]) Vgl. E. Heningham in PMLA 55 (1940), 291 ff.
[4]) Vgl. I. McKeehan in ‚Univ. of Colorado Studies' B I (1941), 223 ff.

vor allem die Jungfrau Maria, die ihm tröstend das Haar aus den Schläfen streicht, ihm ein Lied singt und mit ihm ein mystisches Bündnis schließt.

2. Kapitel

DIE PERIODE DES ASKETISCHEN LEBENSZIELS

(bis zum ersten Drittel des 13. Jhs.)

Nach den ersten zufällig erhaltenen, sehr verschiedenartigen me. Stücken, die etwas über die Mitte des 12. Jhs. hinausreichen, fällt bei den dann ungefähr bis zum zweiten Drittel des 13. Jhs. folgenden me. literarischen Erzeugnissen ein asketischer Zug auf. Er kann nicht wundernehmen, wenn man sich vergegenwärtigt, daß während dieser Periode die anglonormannische Siegerklasse auf der Höhe ihrer Herrschaft stand (vgl. II, 2. Kap.), während den breiten, beiseite geschobenen englischen Volksmassen kaum Aussicht auf irdische Güter blieb. So lag es nahe, den Blick auf eine erhoffte bessere Welt zu richten, was Teile der Geistlichkeit veranlaßte, dafür in englischer Sprache zu predigen und zu dichten.

A. Religiöse Dichtung

In der religiösen Dichtung schlägt diesen Ton die weit verbreitete, rd. 400 Verse umfassende Moral-Ode *Poema morale* (c. 1170) voll an. An spät-ae. Homilien anklingend, ermahnt der unbekannte Dichter Arme und Reiche, ehe es zu spät sei. In klarer Gliederung schildert er die Lage der Menschen auf der Erde, hält moralisierend zu gutem Lebenswandel an und malt nachdrücklich die Prüfungen aus, die jeder an seinem Ende zu bestehen hat, wobei die Schrecken der Hölle — in Gegenüberstellung mit den Freuden des Himmels — wiederum besonders drastisch dargestellt werden.

Inhaltlich liegt das Neue in dem Gedanken des verschiedenen Maßes der Pflichten gegenüber Gott und in der Überzeugung, daß jeder bei Erfüllung der seinigen — die um so größer sind, je höher einer steht — das Jenseits erreichen kann. Neu sind im Stil die Verwendung von Abstrakten des theologischen Lateins sowie der einfache und klare Satzbau. Und neu ist schließlich die Metrik: an die Stelle des alliterierenden Verses ist der lateinische Septenar getreten, durch zweisilbige Endreime zu zweizeiligen Strophen gebunden, was eine ganz andere Melodie zur Folge hatte, die aber nicht sogleich durchschlug.

Von starker Wirkung war dagegen die inhaltliche Seite, die einige kleinere ähnliche Stücke zeitigte, wie z. B. die Predigt *Sinners Beware* (in 354 Versen). Sie warnt alle Klassen vom ärmsten Mönch bis zu den reichen Männern und stolzen Frauen besonders vor den sieben Todsünden, malt wiederum die Höllenqualen aus, erinnert in konventioneller Weise an die Schrecken des Grabes mit seinen Würmern (vgl. S. 62), fordert Reue und Sündenbekenntnis und verweist auf Christus, als den Erlöser für alle. Bemerkenswert ist die für die späteren Versromane charakteristische sechszeilige Strophenform mit der Reimfolge aab—aab.

Die Absicht, durch Darlegung des göttlichen Willens und Schilderung der Todes- und Höllenpein die Menschen reumütig und rechtzeitig auf den schmalen Pfad zum Himmel zu führen, trieb auch gewiß um 1200 einen Mönch aus Lincolnshire, Orrm (oder Orrmin), dazu, seine Evangelienharmonie *Orrmulum* zu verfassen. Doch während sich das *Poema morale* und die Dichtungen, die es zum unmittelbaren Vorbild nehmen, an alle wenden und dabei einen scharfen Blick auf die Reichen werfen, will Orrm gerade die Ärmsten und besonders die Einfältigsten ansprechen. Vorhanden sind 10 000 reimlose Verse in dem vom *Poema morale* eingeführten Septenar, geplant war von dem eifrigen, unermüdlichen Pädagogen der achtfache Umfang. Orrms Hoffnung, sein Werk möge oft abgeschrieben und in der breiten Masse gelesen werden, erfüllte sich nicht[1]).

B. Religiöse Prosa

Das durch das *Poema morale* üblich gewordene Thema wurde auch in einem um 1200 entstandenen Prosastück

[1]) Der Hauptwert des Werkes liegt heute auf sprachhistorischem Gebiet, denn Orrm versuchte, in der Schrift seine Sprache — die des nordöstlichen Mittellandes — wiederzugeben. Vgl. G. Eis in A 189 (1952), 24 f.; M. Lehnert, *Sprachform und Sprachfunktion im „Orrmulum"*, Bln. 1953.

Vices and Virtues behandelt. In der im Mittelenglischen erstmalig angedeuteten Dialogform fordert die Seele nach ihrem Sündenbekenntnis den Verstand immer wieder zu neuen Ausführungen über die verschiedenen Tugenden auf, wobei er gelegentlich konkrete Illustrationen gibt und auf Zeitumstände anspielt, alles mit dem Ziel, die Seele zu „belehren, warnen, unterstützen und retten", wie es ausdrücklich zum Schluß heißt.

Einen Höhepunkt in der religiösen Prosakunst stellen die wahrscheinlich kurz danach entstandenen und zur ‚Katherinengruppe' zusammengefaßten Stücke dar, die inhaltlich das gleiche Thema haben: die Kraft des Glaubens und die Macht der Jungfräulichkeit.

Saint Katherine widersteht allen Vernunftgründen und Verlockungen, ihre dem himmlischen Bräutigam geweihte Jungfräulichkeit aufzugeben und bewirkt durch ihre Standhaftigkeit die Bekehrung der Königin von Alexandrien und vieler anderer Heiden. Für ihren festen Glauben muß sie schließlich, wie auch die bekehrte Königin, ihr Leben hingeben.

Seinte Marherete kämpft unter Erduldung ähnlicher Marter gegen einen heidnischen Freier und erleidet nach Vollführung mehrerer Wunder das gleiche Ende.

Seinte Juliana behandelt ebenfalls den aus festem Glauben resultierenden Kampf gegen eine irdische Ehe. Doch ist der Ton zurückhaltender als in den beiden vorangehenden Legenden. Nicht nur im Thema, sondern auch in ihrem alliterierenden Prosastil, der — wie bei Ælfric (vgl. S. 53) — stellenweise zu versmäßigem Lesen verleitet, erinnern alle drei Legenden an ae. Zeiten. Letzteres trifft auch für

Hali Meidenhad zu. Hier wird die weltliche Ehe in so düsteren Tönen ausgemalt, daß ihr gegenüber in jeder Hinsicht die Christus geweihte Jungfräulichkeit vorzuziehen ist, eine Abhandlung also, die spätere Askese und Marienkult anklingen läßt[2]).

Sawles Warde („Seelenhut") steht innerhalb der ‚Katherinengruppe' dem Stil und Thema nach etwas abseits. Das Magdtum wird in dieser nur angedeutet. Inhalt ist die Verteidigung der als Schatz in einem

[2]) Vgl A. Colborn, *Hali Meidhad*. Kopenhg. 1940.

Hause vorgestellten Seele im Körper gegen das Laster durch die Kardinaltugenden.

Mit der ‚Katherinengruppe' steht die *Ancrene Riwle*, die Anweisung für Anachoretinnen, im Zusammenhang. Diese „Nonnenregel"[3]) war für drei wohlhabende Schwestern um 1200 verfaßt, einige Jahrzehnte später (c. 1230) aber für einen größeren Kreis erweitert worden[4]). In acht Büchern wird von den religiösen Pflichten, den Vorteilen des weltabgewandten Lebens, den sinnlichen und geistigen Versuchungen, vom Sündenbekenntnis, der Reue, der Liebe zum Heiland, und im letzten Buch von der Nahrung, Kleidung, Aufwartung und anderen Dingen des täglichen Lebens gehandelt, und zwar — im Gegensatz zu der um diese Zeit sonst üblichen engen und drückenden orthodoxen Art — in großzügiger Weise, die den Akzent von der beschwerlichen, z. T. unvernünftigen Beachtung äußerlicher Vorschriften auf eine dem „reinen Herzen" und „unbefleckten Gewissen" folgende Ausübung mancher Gepflogenheiten verschiebt, wobei Übertreibungen aus Rücksicht auf Alter und Gesundheit vermieden werden sollen.

Anders als dem *Orrmulum*, einem Einzelfall der me. Poesie, der sich an die große arme Masse wandte, aber keine Verbreitung fand, war der *Ancrene Riwle*, einem für einen kleinen Kreis wohlhabender Damen bestimmten Einzelfall der me. Prosa, ein großer Erfolg beschieden, wie die noch erhaltenen elf englischen, vier lateinischen und zwei französischen Versionen beweisen[5]).

C. Weltliche Dichtung

Neben der religiösen Literatur dieser für das englische Volk asketisch gerichteten Periode stehen nur zwei um 1200 verfaßte, nicht der Kirche unmittelbar dienende längere Dichtungen, die über den literarischen und vor allem über den kulturgeschichtlichen Wert des um diese Zeit sonst Geschriebenen hinausgehen.

---

[3]) Vgl. C. d'Evelyn in PMLA 64 (1949), 1164 ff.

[4]) Vgl. B. White in MLR 40 (1945), 206 f.

[5]) Lateinischer Text hrgg. v. G. d'Evelyn in EETS 216 (1944), französischer Text v. J. Herbert in EETS 219 (1944).

1. ‚The Owl and the Nightingale'

Das erste dieser Dichtwerke ist das Streitgedicht *The Owl and the Nightingale* (c. 1190)[6]). In direkter Anlehnung an kontinentale Streitgedichtformen beginnt der anonyme englische Dichter mit der Schilderung des abgeschiedenen Ortes in einem unbekannten Tal, wohin er zufällig gelangte und Zeuge des Disputs wurde, zu dem eine Nachtigall eine Eule herausforderte.

Die bis in Einzelheiten erwiesene enge Gebundenheit an die Zeit lassen dieses Streitgedicht als wertvolle Darstellung der verschiedenen, damals nebeneinander bestehenden Anschauungen über Leben, Religion, Philosophie und Kunst erscheinen[7]).

In enger Bindung an den im Mittelalter üblichen Prozeßrahmen verfechten die Streitenden zwei sich im 12. Jh. herausbildende Weltanschauungen nicht nur in geistvoller Weise, sondern fest fundiert auf dem für jede der beiden Richtungen maßgeblichen Schrifttum, das dem sehr gebildeten Autor bestens bekannt war.

Die auf einem schönen, aber schnell vergänglichen Blütenzweig wohnende Nachtigall vertritt die Meinung, daß alle von Gott geschaffenen Dinge — auch die Vernunft — bei richtiger Anwendung zur Freude, zum Glück und Vorteil des Menschen gebraucht werden können und müssen. Im besonderen birgt die Liebe als natürliche Gottesgabe im Kern alle Möglichkeiten sittlicher Vervollkommnung in sich. Der Blick der Eule, die in einem von immergrünem Efeu umrankten, alten Baumstamm haust, ist ganz auf das Jenseits gerichtet und alles irdische Dasein und Tun erfährt eine Abwertung. Die irdische Liebe gilt als sündhaftes notwendiges Übel. — Der schärfste Gegensatz tritt in der Problematik des Todes zutage. Die Nachtigall begreift alle Dinge als Symbole. Durch die äußere Erscheinung erblickt sie zugleich ihre geistige Struktur. Tod bedeutet Übergang von einer Form des Daseins zur anderen. Für die Eule

[6]) Vgl. B. Sundby, *The Dialect and Provenance of the Middle English Poem ‚The Owl and the Nightingale'*, Lund 1950; C. Onions in MÆ 17 (1948), 32 f.; A. Cawley in MLR 46 (1951), 161 ff.

[7]) Vgl. H. Haessler, *‚The Owl and the Nightingale' und die literarischen Bestrebungen des 12. und 13. Jhs.* Diss. Frankf. 1942.

[8]) Über den Begriff ‚Brut' s. S. 83, Anm. 6; zu den Texten vgl.

sind Erscheinung und wesenhaftes Sein entgegengesetzte Prinzipien, die keine Einheit bilden können. Der Tod stellt deshalb eine scharfe trennende Grenze zwischen der kreatürlichen und der jenseitigen Welt dar, zu der der Opfer- und Märtyrertod vorzeitig führt.

Mit dieser Problematik, die die Streitenden zum schärfsten Kontrast führt, bricht die 1794 Verse umfassende Dichtung ab, ohne die oft vermißte „Lösung" zu bringen. Und es muß abbrechen, weil eine Entscheidung vom Dichter gar nicht gegeben werden kann. Ebensowenig wie über die auf so entgegengesetzten Weltanschauungen beruhenden Kunstauffassungen: Wie alles von Gott Geschaffene, so hat nach Ansicht der Nachtigall auch die Kunst die Möglichkeit, bei vernünftiger Verwendung zu geistiger und sittlicher Vollkommenheit zu erheben. Der Künstler wird zum Priester aus eigener Machtvollkommenheit für einen exklusiven Kreis geistig Gebildeter. Demgegenüber zieht die Eule ihre ganze Kraft und Weisheit als Gnadengut Gottes aus dem Wissensbereich der Theologie und beabsichtigt, ihre Kunst in den Dienst aller Menschen zu stellen. Dichtkunst wird so zu einem würdigen Handwerk, der Dichter zu einem Interpreten göttlicher, geoffenbarter Wahrheiten, zum Prediger und Missionar.

Aus alledem erhellt, daß die Nachtigall deutlich die höfischen Sänger und die Humanisten des 12. Jhs. repräsentiert, die auf dem Boden neuplatonischer, klassizistischer Anschauungen standen, wie sie in der lateinisch-humanistischen und in der normannisch-höfischen Dichtung zum Ausdruck kamen. Die Eule dagegen vertritt das — dem natürlichen Leben abgewandte — asketische Prinzip, wie es von der extrem gerichteten geistlichen Orthodoxie des damaligen Englands für die breiten Massen in theologischen Schriften gefordert wurde.

2. Laȝamons ‚Brut'

Das zweite weltliche Werk dieses Zeitabschnittes, das eine ebenso hervorragende Stellung einnimmt, ist der *Brut* (c. 1205)[8]) von Laȝamon. Dieser lateinisch und französisch belesene Priester, der in Ernley (Arley) am

N. Bøgholm, *The Layamon Texts . . .*, Kopenhg. 1944.

Severn lebte, wollte für seine Landsleute in ihrer Sprache über die edlen Taten der Vorfahren schreiben und war von Waces *Roman de Brut* (vgl. S. 83) so gefesselt, daß es zur Grundlage seines *Brut* wurde. Was der englische Dichter aus der ganz im normannisch-höfischen Geschmack geschriebenen ‚Romance' (vgl. S. 82) machte und wie er es tat, beweist, wie treu er seiner Absicht, im englischen Geiste zu schaffen, blieb.

In der von Brutus bis zu Cadwalader (689) führenden Chronik handelt etwa ein Drittel der 32 241 Verse von Arthur. Er wird als kriegerischer, von seinen Feinden gefürchteter und von seinen Gefolgsleuten verehrter Held geschildert. Nach der Unterwerfung Schottlands und seiner Vermählung mit Wenhaver erobert er Irland, Island, Gotland, Dänemark und Frankreich und hält abwechselnd in England und Frankreich seine berühmten Tafelrunden. Die Herausforderung Roms veranlaßt ihn, sein Reich in der Obhut der Königin und seines Neffen Modred zurückzulassen und gegen Rom zu ziehen. Die Nachricht von Wenhavers Untreue und von Modreds Machtergreifung zwingt ihn jedoch zur Umkehr. Der Verräter wird erschlagen, die Königin geht ins Kloster. Der tödlich verwundete Arthur übergibt sein Reich an Konstantin.

Wird die Abwendung des englischen Dichters von Wace schon durch die Rückkehr zum Altheimischen deutlich, so vergrößert sich der Abstand von der normannischen Vorlage und auch von allen früheren Dichtungen durch die Einführung einer Zauber- und Märchenwelt, die ahnungsvoll eine Verbindung zum Übermenschlichen schafft. Laȝamon berichtet über Merlins Zauber, über die Feen, über die magischen Eigenschaften der Waffen und deren Herstellung durch übernatürliche Schmiede. Längere Zeit weilt er bei der märchenhaften Entstehung der runden Tafel. Der tödlich Verwundete fährt in einem Zauberboot zur Feenkönigin, um bei ihr Heilung zu finden.

Die gelungene Verquickung von Wirklichkeit und Verständnis für alle Seiten des menschlichen Lebens mit der Welt des Wunders erhebt Laȝamons Werk zur größten epischen Leistung zwischen *Beowulf* und den *Canterbury Tales* (vgl. S. 146 ff.).

3. Kapitel

DAS ZEITALTER DES AUFSTEIGENDEN BÜRGERTUMS

(von c. 1230 bis zur Mitte des 14. Jhs.)

Kennzeichnend für die der Periode der resignierenden Stimmung folgenden etwa 120 Jahre ist parallel zum Abstieg der normannischen Kultur (vgl. II, 3. Kap.) das Erwachen und Aufblühen des englischen Bürgertums.

Der Autor der *Eule und Nachtigall* konnte kurz vor 1200 die Frage nach dem größeren Wert der einen oder anderen zu seiner Zeit herrschenden Lebens- und Kunstprinzipien noch offen lassen. Die sich im 12. Jh. entwickelnde Pariser scholastische Schulphilosophie drängte danach aber die neuplatonisch-klassizistische und die höfische Literatur zurück und gewann im 13. Jh. so starke Oberhand, daß nur solche Dichtkunst gedieh, die eine Verbindung zu der von der Theologie allein verwalteten Wahrheit suchte.

A. Die religiöse Literatur

Für den Wandel im religiösen Schrifttum ist der äußere Anlaß das Auftreten der Bettelorden. Die Dominikaner oder ‚Black Friars' faßten 1221 in Oxford, die Franziskaner oder ‚Grey Friars' 1224 in der gleichen Stadt und in Cambridge Fuß. Von dort wanderten sie von Ort zu Ort, gründeten zahlreiche Klöster und predigten — häufig genug zum Ärger der Geistlichkeit — mit großem Erfolg und entfalteten eine reiche literarische Tätigkeit vom einfachen, anspruchslosen Handbuch, das für den Gebrauch der Prediger bestimmt war, über Umdichtungen des Vaterunsers, der Gebote und Glaubensartikel, der Todsünden und Kardinaltugenden, oder allegorischer Einkleidungen der Feste des Kirchenjahres, bis zu kunst- und phantasievollen Hymnen.

Im Gegensatz zu der die vorangehende Periode kennzeichnenden weltentsagenden Stimmung, die das Leben am liebsten um des Jenseits willen auslöschen möchte, ist die franziskanische Religiosität gekennzeichnet durch das tiefe Mitgefühl für alle leidenden Geschöpfe und das Bestreben, das Dasein, das nun einmal hingenommen und durchgestanden werden muß, zu erleichtern.

1. Die franziskanische Lyrik

Züge dieser franziskanischen Religiosität trägt ebenso wie die gleichzeitige lateinische (vgl. S. 75 f.), auch die gesamte im 13. Jh. aufblühende englische religiöse Lyrik. Christus erscheint nicht mehr als der heroische Erlöser, sondern als der dem Menschen nahestehende, gleichfalls Schmerz Mitleidende, der in schlichter Aufrichtigkeit und inbrünstiger Liebe angesprochen wird. Den Höhepunkt der Liebesmystik Jesu stellt das 210 Zeilen umfassende *Love Ron*[1]) (vor 1272) des Franziskaners Thomas v. Hales dar, in dem eine „Magd Christi", den „himmlischen Bräutigam" feiert, der ihr die Keuschheit als höchstes Juwel schenkt.

In demselben Geiste erscheint die Marienlyrik[2]). Auch hier stellen die einfachsten ein Loblied auf Maria als sanfte, makellose Mutter oder als Himmelskönigin dar; und auch sie wird in die nicht mehr ganz wertlose weltliche Sphäre gezogen und gilt als „schönste Blume", als „Lichteste im Gemach". Oft verbindet sich mit dem Lob ein Gebet, wie in dem Lied[3]):

Of on þat is so fayr and briȝt
  velud maris stella
Briȝer þan þe day is liȝt,
  parens & puella,
Ic crie to þe, þou se to me,
Leuedy, preye þi sone for me
  tam pia,
þat ic mote come to þe,
  maria.

Es mag gleichzeitig als Muster für eine Reihe sog. ‚Makkaronigedichte' stehen, deren Eigenart in der Mischung mit lateinischen oder französischen Zeilen liegt.

Das bezeichnendste Beispiel erotischer Marienlyrik ist das 171 Verse lange *On god vreisun of vre lefdi*[4]). Tag und Nacht will der Dichter sein Lied Maria vortragen. Nachdem er seine Sünden bereut und sich von allem, was ihm auf Erden teuer war, getrennt hatte,

[1]) C. Brown, *English Lyrics of the XIIIth Century*, Oxf. 1932, Nr. 43.
[2]) Vgl. Th. Wolpers in A 69 (1950), 3 ff.
[3]) C. Brown, a. a. O., Nr. 17.
[4]) Ebd. Nr. 3.

ergab er sich ganz ihr, die für ihn Königin, Mutter und Herrin, aber auch Geliebte, ist, zu der er sich sehnt. In einem anderen Gedicht, das wie das letzte auch wohl aus dem Anfang des 13. Jhs. stammt und eine ähnliche Überschrift trägt: *On vreisun of vre leidi*[5]), bittet der Dichter die Jungfrau Maria, die dort Licht brachte, wo Eva Schatten hinterließ, um Gnade für seine allzu lange begangenen Sünden und — was im vorangehenden Jahrhundert undenkbar war — um weiteres Leben, damit er ihr dienen könne.

Zu den wirksamsten dieser Art lyrischer Gedichte gehören die in Dialogform. In einem ganz in die weltliche Sphäre gezogenen halten Maria und das zu Bett gelegte Christuskind Zwiesprache. Als Maria versucht, ihr Kind ohne Gesang einzuschläfern, wird sie von Jesus gebeten:

,Sing nov, moder', seide þat child,
,Wat me sall befalle
Here-after wan i cum to eld —
So don modres alle'.

Als Antwort berichtet Maria die Ereignisse von der Verkündigung bis zur Geburt, und Jesus sieht prophetisch sein Leben bis zur Auferstehung vor sich[6]).

Neben Christus- und Marien-Liedern steht als Sondergruppe die der Todesdichtung mit der Betonung der Vergänglichkeit alles Irdischen, ein altes Thema, das aber jetzt weniger drückend erscheint, weil man sich vertrauensvoll an die helfende Maria oder den mitempfindenden Christus wenden kann, wie es z. B. in dem wahrscheinlich aus dem Anfang des 13. Jhs. stammenden *Doomsday*[7]) besonders deutlich ist. Zunächst wird zwar, wie üblich, der Jüngste Tag geschildert, an dem Christus schöne Worte zu den Rechtschaffenen spricht und die anderen zur Hölle verbannt. Dann aber mildert sich des Dichters Furcht an der Möglichkeit, die Jungfrau Maria um Fürsprache beim Himmelskönig bitten zu können.

Bei der größeren Zahl der Todes- und Bußgedichte bleibt dieser tröstende Ausblick aber unausgesprochen.

---

[5]) EETS 49, 156 ff.

[6]) C. Brown, *Religious Lyrics of the XIVth Century*, Oxf. 1924, Nr. 56.

[7]) C. Brown (XIII), Nr. 28.

Der Mensch ist nur Staub; warum sollte er stolz sein? Darüber handelt das weit verbreitete *Erþe toc of erþe*[8]. — *A lutel soth Sermun*[9]) prophezeit nicht nur allen Räubern, Dieben, Verleumdern und Wüstlingen, sondern auch betrügerischen Handelsleuten, Bäckern, Brauern und sogar denen, die wegen ihrer heimlichen Liebe in die Kirche gehen, die Hölle. — *On Serving Christ*[10]) droht wieder mit dem Grab und seinen Würmern. — *Old Age*[11]) weist darauf hin, daß trotz der um diese Zeit wiedererwachten Hoffnung auf ein langes Leben der Tod für alle stets auf der Lauer liege. — Auch die *Signs of Death*[12]) predigen das „Memento mori". — Ein anderes erhebt die Frage: Wo sind jene reichen Damen mit ihren einst goldgeschmückten Haaren? In einem Augenblick waren ihre Seelen dahin[13])! — Das schaurigste dieser Gattung stellt das 132 zeilige *Ihereð of one þinȝe*[14]) dar, das die Höllenqualen und Verwesungen der Leichname in vorher nie bekundeter Grausigkeit ausmalt.

Die durch die Bettelmönche im 13. Jh. inspirierte Jesus-, Marien- und Todeslyrik überschritt im gleichen Jahrhundert ihren Höhepunkt und verebbte im ersten Teil des folgenden, wo noch die Übertragung des Dialogs am Kreuze zwischen Christus und Maria[15]), das persönlich gehaltene *All other love is like the Moon*[16]), *The Sweetness of Jesus*[17]), das *Gebet Christi in Gethsemane*[18]) u. a. an sie erinnern.

Die Gruppe religiöser Gedichte, die außerhalb dieser franziskanischen Lyrik steht, ist sehr klein: ein erzählendes Dreikönigslied im Stil des Krippenspiels, ein Streitgedicht. das den zwölfjährigen Jesus vor den jüdischen Schriftgelehrten Antworten geben läßt, ein auf Thomas Becket gerichteter Heiligenhymnus, eine Hymne auf Gott und wenig mehr. Es bedurfte eines neuen Antriebs im 14. Jh., um die religiöse Lyrik wieder zu beleben.

---

[8]) G. Brook, *The Harley Lyrics*, Manchester 1948, 29.
[9]) EETS 49 (1872), 186 ff.
[10]) J. Wells, *A Manual of the Writings in Middle English*, 1923, 391.
[11]) Ebd. 391. [12]) Ebd. 387.
[13]) C. Brown (XIII), Nr. 48. [14]) Ebd. Nr. 29 B
[15]) C. Brown (XIV), Nr. 67. [16]) Ebd. Nr. 49.
[17]) Ebd. Nr. 48. [18]) Ebd. Nr. 62.

Ihrer stofflichen Beschränkung während des hier behandelten Zeitabschnitts steht eine Vielgestaltigkeit der metrischen Formen gegenüber, wozu die Bindung der von dem *Poema morale* eingeführten Septenars zu vierzeiligen Strophen durch Endreim, die Zerteilung des Septenars durch Binnenreim, die durch lateinische und französische Muster angeregten ein-, paarweis- und kreuzweis-reimenden Strophen wechselnder Zeilenzahl und vor allem die Liebe zum Lied beitrugen. Das alte, silbenzählende Prinzip war endgültig durch das rhythmische ersetzt worden.

2. Die geistliche Epik

Wie weit die Geistlichkeit dem aufstrebenden englischen Bürgertum Rechnung trug, tritt deutlich an den von der Mitte des 13. Jhs. ab erscheinenden religiösen epischen Werken zutage, deren Stoffe früher für andere Kreise und zu anderen Zwecken dargestellt worden waren.

Während z. B. der *Genesis*- und *Exodus*-Stoff von einem ae. Dichter unter Verwendung eines umfassenden Wortschatzes unmittelbar aus der Bibel heraus bewegt und künstlerisch gestaltet wurde (vgl. S. 37 f.), wählte der me. Bearbeiter des gleichen Themas aus der kürzenden und erläuternden *Historia Scholastica* von Petrus Comestor das Wissenswerteste und Nützlichste aus und stellte es klar und nüchtern, dem bürgerlichen Fassungsvermögen angemessen, in lehrender Absicht dar. Auch in der Einbeziehung des Legendären kommt die in Norfolk komponierte me. *Genesis*- und *Exodus*-Dichtung (c. 1250) von etwas mehr als 4000 Versen dem Zeitgeschmack nach.

Der *Physiologus*-Stoff (vgl. S. 43 f.) wurde gleichfalls auf den bürgerlichen Hörerkreis abgestimmt. Das im Übergangsstil vom Stab- zum Reimvers einfach und klar geschriebene me. *Bestiary* (c. 1225) will nicht nur unterhalten, sondern über Tiere und sogar Wassernixen mit christlicher Nutzanwendung unterrichten. Auch hier reizte das im Stoff liegende Legendäre zu besonderer Ausgestaltung[19]).

---

[19]) Vgl. G. Neill in NQ 114 (1949), 464 f.; N. Davis in MÆ 19 (1950), 56 ff.

Am deutlichsten erweist sich das wachsende Interesse des englischen Bürgertums am Wundersamen jedoch an der während des 13. Jhs. größer werdenden Beliebtheit der Heiligenlegenden[20]), die jetzt die vorherrschende Form geistlicher Epik werden. Während ursprünglich nur die Leben der bedeutendsten Heiligen an deren Todestagen kurz verlesen wurden, beschnitten sie die sonst im Mittelpunkt der Gottesdienste stehenden Predigten nicht bloß an diesen Tagen immer mehr, sondern drangen auch als ‚Exempla' oder erläuternde Ergänzungen in die Sonntagspredigt ein. Außerdem wurden — dem gleichen Zeitbedürfnis entsprechend — neue Heiligenlegenden aufgesucht und zusammengestellt, wobei die lateinische Sammlung des italienischen Dominikaners Jacopo da Voragine, die *Legenda aurea* (Mitte 13. Jh.), als Vorbild diente. In jahrelanger Gemeinschaftsarbeit entstanden in Somersetshire *The South English Legendary* (zw. 1275 u. 1285)[21]) und in Durham *The Northern Homily Cycle* (zw. 1295 u. 1306)[22]).

Die zahlreichen Legenden, die in paarweise reimenden Septenaren (wie im Süden), kurzen Reimpaaren (wie im Norden) oder verhältnismäßig selten in Schweifreim-Strophen — mehrmals in verschiedenen Fassungen — erschienen, lassen sich dem Inhalt nach in sechs Gruppen teilen:

Die erste behandelt das seit langem beliebte Thema der Höllenfahrt. Auf der Grundlage des apokryphen Evangeliums von Nicodemus (vgl. S. 55) stellt *The Harrowing of Hell* (c. 1250) in Dialogform dar, wie Christus die Seelen derer aus der Hölle befreit, die vor ihm ein rechtschaffenes Leben geführt haben. — In *The Eleven Pains of Hell* berichtet eine Seele die von Paulus geschauten Höllenqualen und *St. Patrick's Purgatory* gibt eine dritte Behandlung des Höllenfahrtthemas.

Die zweite Gruppe wird von den *Marien-* und *Kindheit Jesu*-Legenden gebildet. Zu jenen gehört z. B. die Geschichte eines Klerikers, der Marias Körper sehen möchte und, da das Erblindung zur Folge hat, nur ein

[20]) Vgl. C. Jones, *Saints' Lives and Chronicles in Early England*, Ithaca N.Y. 1947.

[21]) Vgl. M. Wells in JEGPh 41 (1942), 320 ff.

[22]) Vgl. J. Carver, *The Northern Homily Cycle*, Diss. New York 1941.

Auge opferte. das Maria aber wieder sehend machte. — Das Lieblingsthema war jedoch die mehrfach lateinisch, französisch und auch altenglisch in den *Blickling Homilien* (vgl. S. 52) dargestellte Himmelfahrt Marias.

Der dritten Gruppe könnten die meisten weiblichen Heiligenlegenden zugeteilt werden. *Margareta* und *Katharina* waren bereits von früher bekannt (vgl. S. 96). Zu ihnen kamen *Maria Magdalena,* deren Stoff auch weltliche Motive barg, was noch mehr bei der *Cäcilia*-Legende zutraf. — Die merkwürdigste Legende dieser Gruppe und gleichzeitig die interessanteste ist zweifellos die der *Elftausend Jungfrauen.* Anknüpfend an die zwischen 350 und 450 zu datierende Clematianische Steininschrift der Ursulakirche in Köln, nach der einige Jungfrauen für Christus starben, erdichtete man auf dem Kontinent auf Grund eines Lesefehlers (11 000 statt 11) und anderer Kombinationen eine Legende, nach der 11 000 Jungfrauen aus Britannien in Köln den Märtyrertod erlitten haben sollten. Mit Hilfe zusätzlicher Wundergeschichten entstanden bis zur Mitte des 13. Jhs. alle Motive, die zu der phantastischen englischen Legende zusammengesetzt und in das südenglische Legendar aufgenommen wurden[23]).

Die meisten männlichen Heiligengeschichten sind zu einer vierten Gruppe zusammenzustellen. die von den bisher genannten die stärkste Verweltlichung zeigt. *Christophorus, Cuthbert, George* und *Dunstan* zielen auf grobe volkstümliche Wirkung ab, noch mehr die *Gregorius*-Legende. Die des *Eustachius* und *Alexius* nähern sich stellenweise den Versromanen (vgl. B 2).

Kommt zu der Verweltlichung des Stoffes noch ein unkirchlicher, z. T. würdeloser Ton hinzu, dann fällt zwar der übliche Charakter der Heiligenlegende — wie bei der Geschichte von *Euphrosyne,* die im Männergewand im Mönchskloster lebt, oder bei der von *Marina,* in der die als Mann verkleidete Jungfrau von einer Dirne als Vater ihres Kindes bezichtigt wird —, aber dennoch galten diese damals als solche.

Ihnen gegenüber suchte eine sechste, neu entstehende Gruppe die Würde des Stoffs zu wahren, indem sie

[23]) Vgl. F. Schubel, *Die südenglische Legende von den elftausend Jungfrauen,* Greifsw. 1938.

sich an geschichtliche Fakten hielt und diese für das Unterhaltungsbedürfnis in gutem Sinne zurechtlegte. So geschah es mit der Geschichte des *Thomas à Becket* (vgl. S. 104) und Jahrzehnte später noch mit der von *St. Erkenwald* (1350), die wegen ihrer alliterierenden Verse an den Anfang eines neuen Zeitabschnitts zu stellen ist (vgl. 4. Kap. D 1).

3. Kirchliche Lehrdichtung

Auf das Konto der das gesamte religiöse Leben anregenden und steigernden Bettelmönche sind auch die von der Wende des 13. zum 14. Jh. an erscheinenden englischen ‚Summen' zurückzuführen, bei denen es sich — wie bei den Legendenzyklen — um größere Sammlungen von Stoffen mit lehrhaftem Zweck handelt. Angeknüpft wurde an lateinische und französische Vorbilder (vgl. I, 3. Kap. und II, 3. Kap.) so unmittelbar, daß von nachhinkenden englischen Entsprechungen gesprochen werden kann, die aber gerade wegen ihrer starken Verbreitung beweisen, wie begehrt sie beim englischen Bürger noch im 14. Jh. waren.

Am umfangreichsten ist der im Norden entstandene, fast 30 000 Verse umfassende *Cursor mundi* (c. 1300). In der gleichen belehrenden Absicht wie der me. *Genesis-* und *Exodus*-Dichter fünfzig Jahre vorher (vgl. S. 105), will auch der Verfasser des „Weltumläufers" das Alte und Neue Testament — wie er im Prolog ausdrücklich sagt — dem einfachen Volk in englischen Versen darbieten.

An das Prosastück *Vices and Virtues* (vgl. S. 96) erinnernd und in direkter Anknüpfung an das französische *Manuel des Pechiez* (vgl. S. 85) schrieb Robert Mannyng v. Brunne (= Bourne, Lincolnshire)[24]) sein *Handlyng Synne* (1303). Es ist eine Abhandlung in 12 630 paarweise reimenden Kurzversen über die Gebote, Todsünden und Sakramente mit so zahlreichen, die Schwächen und Laster der Menschen erleuternden Erzählungen, Anekdoten und Illustrationen, daß ein beliebtes Unterhaltungsbuch entstand.

---

[24]) Vgl. Crosby in PMLA 57 (1942), 15 ff.

Dem Zeitgeschmack entsprechender scheint aber das in der ersten Hälfte des 14. Jhs. verfaßte *Prick of Conscience* gewesen zu sein, was durch die erstaunlich hohe Zahl von mehr als 100 noch erhaltenen Handschriften erwiesen wird. Anders als das vorstehende will dieses Werk mit 9624 Versen den Menschen nicht vom Alltagsleben, sondern von innen her zur Einkehr bringen. Unter Zuhilfenahme zahlreicher Quellen stellt der Autor in sieben Teilen die Nichtigkeit des Menschen, das Universum, die der Auseinandersetzung zwischen Gott und Teufel dienende Erde, den Lauf des Menschen bis zum Tode, das Letzte Gericht, das Purgatorium, die Höllenqualen und die Freuden des Himmels abstrakt dar.

Außer in den umfassenden ‚Summen' lagen in zahlreichen anderen religiösen Werken lehrhafte Absichten vor, wie etwa bei der geistlichen Epik oder in den Gedichten der französischen Todeslyrik (vgl. S. 103 f.). An diese stark erinnernd, ist von längeren Stücken des gleichen Themas hier wenigstens noch der *Disputisoun between Body and the Soul* zu gedenken, die zu den Lieblingsdebatten des Mittelalters gehörte. Der Dichter sieht in einer Vision den Leichnam eines stolzen Ritters aufgebahrt und wird Zeuge des Disputs zwischen dem Körper und der Seele, die sich einander die Schuld für ihren Lebenswandel und für die ihnen bevorstehenden Höllenqualen vorwerfen.

4. Die Entwicklung des Dramas

Es ist bezeichnend für diesen Zeitabschnitt des aufsteigenden Bürgertums, daß sich gerade jetzt aus dem bis zur Mitte des 13. Jhs. ausgebildeten gottesdienstlichen Spielen sowie aus dramatisierten Märtyrer- und Heiligengeschichten das me. Drama unter den Händen des Bürgertums zu einer das gesamte Volk interessierenden Angelegenheit entwickelte. Besonders förderlich dafür waren neben dem Verlangen der Bettelmönche, außerhalb der Kirche die breiten Massen anzugehen, und zwar in der Muttersprache, die erstarkenden Handwerker- und Kaufmannsstände, die sich in immer reicher und mächtiger werdenden Zünften zusammenschlossen und sich gerade der Ausstattung der dramatischen Spiele durch kostbare Szenerien und Gestellung von Schauspielern annahmen. So entwickelte sich die Gewohnheit, daß z. B. die Goldschmiedezunft die Szene der drei Könige oder die Zimmerleute die Arche Noahs ausgestalteten und sich dabei gegenseitig zu überbieten trachteten, so daß der äußere Aufwand in zeitgenössischen Berichten eine größere Rolle spielte als die Texte der Stücke, für die sich nach dem 14. Jh. als feste Namen ,Misterien' (oder ,Mysterien'), wenn es sich um Bibelstoffe handelte, und ,Mirakel', wenn Heiligenlegenden dargestellt wurden, herausbildeten.

Um die immer größer werdende Schaulust solcher Spiele befriedigen zu können, mußten die einzelnen Szenen an verschiedenen Orten wiederholt werden, was dazu führte, die ,Häuser' (vgl. S. 78) auf Räder zu setzen und sie als sog. ,pageants' von einer Stelle zur anderen zu fahren. Die stetig fortschreitende Säkularisierung des me. Dramas, die die Geistlichkeit vergeblich aufzuhalten versuchte, bekundete sich auch in der Tendenz, in die Stücke eine gewisse Komik hineinzutragen.

In zahlreichen Orten bildeten sich eigene Zyklen von Spielen heraus, von denen als frühester nur einer aus dem letzten Dezennium vor der Mitte des 14. Jhs. überliefert wurde (vgl. 4. Kap. C).

B. Die weltliche Literatur

Das bei der Entwicklung des Dramas festzustellende Verlangen nach einer Auflockerung religiöser Stoffe und nach Hinwendung zum Weltlichen fand während dieser bürgerlichen Zeit in anderen Dichtgattungen noch deutlicheren Ausdruck. Doch wurde die weltliche me. Literatur im Vergleich zur religiösen erst später wieder ins Leben gerufen.

Alles religiöse Schrifttum konnte sogleich an alte Traditionen anknüpfen, und zudem gaben ihm die Bettelorden einen besonderen Anreiz und Auftrieb. Für das weltliche entfiel dieser letzte Faktor nicht nur, sondern der früher erwähnten Überzeugung entsprechend, nur die Gott dienenden Werke hätten Daseinsberechtigung (vgl. S. 101), mußte die weltliche Dichtkunst so lange niedergehalten bleiben, bis die weitherzige Auffassung Boden gewann, daß auch nicht-religiöse Themen innerhalb des weiten Raumes der alles beherrschenden Kirche einen gebührenden Platz einnehmen dürften. Die Anknüpfung an lateinische und anglonormannische Traditionen aber war merklich nur an wenigen schon zurückliegenden Zeiten der Pflege weltlicher Literatur möglich.

1. Liebeslieder und politische Gedichte

Daß das englische Volk selbst während der Vorherrschaft des Normannischen seine weltliche Poesie hatte — wenn auch erklärlicherweise nichts davon überliefert wurde —, ist von vornherein wahrscheinlich und wird z. B. schon im 12. Jh. von dem Chronisten über Hereward d. Verbannten und von Giraldus Cambrensis bezeugt, denen für das 13. Jh. andere mit häufigeren Hinweisen darauf folgten.

Die me. weltliche Kunstlyrik kam aus den gerade angegebenen Gründen aber erst um die Mitte des 13. Jhs. in bescheidenem Maße und nur in wenigen Formen hoch. Eine stärkere Beeinflussung scheint für sie nur von dem höfischen ‚chanson d'amour' stattgefunden zu haben, doch ist die sehr verschiedenartige Auffassung zwischen französischer und englischer Liebe augenfällig. Während der höfische Dichter eine höherstehende Frau verehrt, seine Gefühle analysiert und über Ursache und Wirkung seiner Zuneigung theoretisiert (vgl. S. 86), handelt es sich in den englischen Liebesliedern um natürliche Empfindungen zweier auf dem gleichen gesellschaftlichen Niveau stehender Menschen, die unverblümt ihre Sehnsüchte und die Hoffnung auf eine baldige Vereinigung äußern. In einer allen Liebenden bekannten Weise werden der Charme der Geliebten, ihre Augen, Lippen, Zähne, Haare usw., ihre Munterkeit, Güte, Treue u. a. m. gepriesen. Natürlich fehlt es nicht an Liebeskummer und -sorgen. Auch die üblichen Vergleiche mit Blumen und die Parallelen zum Leben in der Natur finden sich.

Alles das kennzeichnet schon die ersten Lieder in englischer Sprache (1225) *Mirie it is while sumer ilast*[25]) und *Foweles in þe frith*[26]).

Lenten ys come[27]) besingt das neu aufblühende Leben der Pflanzen, der Tiere und des menschlichen Herzens. —

---

[25]) C. Brown (XIII) Nr. 7. [26]) Ebd. Nr. 8. [27]) Ebd. Nr. 81.

When þe nyhtegale singes[28]) fragt, ob der Dichter nach der Beglückung der Natur durch Blatt, Gras, Blüte und Nachtigallenlied nicht auch endlich ein liebes Wort und einen Kuß bekommen könne. — Auch das schönste, das Else-Lied *Alysoun*[29]), beginnt mit Frühlingsstimmung:

Bytuene mersh & aueril
when spray biginneþ to springe,
þe lutel foul haþ hire wyl
on hyre lud to synge;

beschreibt dann der Geliebten blondes Haar, dunkle Augen und schlanke Hüften, rühmt ihre Güte und endet mit der Furcht, sie an einen anderen zu verlieren. — Das bekannteste — wohl aus dem späten 13. Jh. stammende — *Sumer is i-cumen in*[30]) ist ein volkstümliches Naturlied, in dem der Kuckuck zu nie enden mögendem Ruf aufgefordert wird:

Murie sing cuccu!
  Cuccu, cuccu!
Wel singes þu cuccu,
ne swik þu nauer nu!

Was außerhalb der Liebes- und Naturlieder in dieser Zeit an weltlicher Dichtung noch nennenswert ist, trägt politischen oder sozialen Charakter. Für die Kritik an den Regierungen Heinrichs III. (1216—72) und Eduards I. (1272—1307) finden sich neben den lateinischen und französischen Gedichten (vgl. S. 76 u. S. 86 f.) auch englisch geschriebene. In dem patriotischen Lied *Der flämische Aufstand*[31]) kommt außer der gegen Frankreich gerichteten Stimmung gleichfalls die Unzufriedenheit über die schlechte Regierung zum Ausdruck. — *On the retinues of the Great*[32]) stellt unter Einbeziehung von Christus, der im Gegensatz zu den von Knappen, Pagen und Pferdeknechten begleiteten Reitern zu Fuß wandert, die drückende Last der Großen auf die Kleinen dar. — Der etwa 1297 zu datierende *Song of the Husbandman*[33]) greift die durch Eduards Kriege verursachte Be-

---

28) C. Brown (XIII), Nr. 86.
29) Ebd. Nr. 77.
30) Ebd. Nr 6.
31) T. Wright (1839), 187 ff.
32) Ebd. 237 ff.
33) Ebd. 149 ff.

steuerung an, und *Against the Pride of the Ladies*[34]) verrät die gleiche Mißgunst gegen die Reichen, hier im besonderen gegen die hoffärtigen und putzsüchtigen Frauen.

Die lateinischen Angriffe gegen die Geistlichkeit (vgl. S. 76 f.) haben ihre englischen Parallelen, z. B. in dem Gedicht *When Holy Church Is under Foot*[35]), in dem die Simonie als Ursache des beklagenswerten Zustands der Kirche angeprangert wird, oder vor allem in dem mit realistischen Bildern des Alltagslebens zu einer großen Zeitsatire ausgestalteten *Satyre on the Consistory Courts*[36]) mit der Schilderung eines verdorbenen geistlichen Gerichts.

Den Höhepunkt der politischen Spielmannspoesie bilden schließlich elf zwischen 1333 und 1352 entstandene Lieder von Laurence Minot, in denen Eduards III. (1327—77) Siege bei Halidon Hill, Crécy, Nevile's Cross, seine Fahrt nach Brabant, der erste Einfall in Frankreich, die Belagerung von Tourney u. a. besungen werden[37]), und zwar mit einer patriotischen Begeisterung, die, wie noch andere ähnliche Gedichte zeigen, dem an den Geschichten des Landes wieder stark interessierten Bürgertum entsprach, dessen Vordringen hundert Jahre früher schon durch die einem Spielmann zugeschriebene Sammlung von Sprichwörtern — *Proverbs of Hendyng* (1250)[38]) — deutlich wird, in denen, im Unterschied zu früheren, die bürgerliche Welt ins Auge gefaßt ist.

2. Der bürgerliche Versroman

Wie für die weltliche Lyrik, so war auch für andere nicht von der Kirche veranlaßte englische Dichtungen die Zeit erst von der Mitte des 13. Jhs. ab reif geworden, vor allem wegen der schon erwähnten, sich allmählich durchringenden Überzeugung, daß auch nicht unmittelbar religiöser Dichtung ein gebührender Platz eingeräumt werden durfte.

Nachdem diese Voraussetzung gegeben war, setzte die Produktion der alte Sagenstoffe behandelnden bürger-

34) T. Wright (1839), 153 ff.
35) J. Wells, a. a. O., 227.
36) T. Wright (1839), 155 ff.
37) T. Wright (1859), 58 ff.
38) Vgl. S. Singer in StN 14 (1942), 31 ff.

lichen Versromane so kräftig ein und entwickelte sich in solchem Umfange, daß sie eine starke Konkurrenz für das religiöse Schrifttum gewesen zu sein scheinen.

Die beiden Möglichkeiten, an Altes anzuknüpfen, blieben zunächst unbeachtet: Laȝamons betont nationale Arthurdarstellung (vgl. S. 99 f.) wurde ebensowenig sogleich aufgegriffen, wie die ‚Romances' der drei Generationen zurückliegenden normannischen Blütezeit. Der Grund dafür ist in dem völligen Wandel von der auf eine Oberschicht begrenzten höfischen Kultur zu einer durch das englische Bürgertum gekennzeichneten Periode zu sehen. Auch die äußere Form der ehemaligen achtsilbigen Reimpaare wurde zu der dem Zeitbedürfnis entsprechenden sangbaren Schweifreimstrophe verbürgerlicht.

Die zahlreich überlieferten Versromane zeigen, daß neben den drei bekannten Sagenkreisen — dem klassischen (Alexander u. a.), dem französischen (Karl d. Gr. u. a.) und dem bretonischen (Arthur u. a.) — besonders stark ein englischer abgehandelt wurde, und daß dieser gerade anfangs von vordringlichem Interesse gewesen sein muß.

Das gilt für den wohl um die Mitte des Jahrhunderts verfaßten *King Horn*[39]) (vgl. S. 84). Er stellt die Verbannung eines südwestschottischen Königssohns nach einem Einfall der Skandinavier (hier Sarazenen genannt), seine Liebe zur Prinzessin Riemenhild, die er wegen Verrats verlassen muß, seine weiteren Abenteuer im Dienst des irischen Königs, die Rettung seiner treuen Geliebten vor anderen Freiern und die Rückgewinnung seines Vaterlandes dar.

Die hier noch anzutreffenden „höfischen" Überreste sind in dem gleichfalls zu den beliebten Exil- und Rückkehrgeschichten gehörenden, in der zweiten Hälfte des 13. Jhs. erdichteten *Havelok* geschwunden. Als dänischer Königssohn wird er nach dem Tode seines Vaters einem ungetreuen Ratgeber anvertraut und in der Absicht, ihn zu ertränken, dem Fischer Grim übergeben, der Havelok aber als königlichen Erben an einem leuchtenden Mal auf der Schulter erkennt, mit ihm

[39]) Vgl. W. French, *Essays on King Horn*, Ithaca N.Y. 1940.

und der Familie zur Humbermündung flieht und sich bei Grimsby ansiedelt. Der heranwachsende Königssohn findet am Hofe des Grafen von Lincoln als Kochlehrling Beschäftigung. Nachdem er auf einem Volksfest als bester Steinwerfer Ruhm erlangt hat, muß die englische Prinzessin Goldborough — den verräterischen Plänen ihres Vormundes gemäß — den Küchenjungen heiraten. An dem leuchtenden Mal erkennt sie in ihm einen König, der dann Dänemark zurückgewinnt und England erobert.

In den 1500 reimenden Kurzverspaaren steht der Held also ganz im bürgerlichen Leben, erfüllt treu und bieder seine Alltagspflichten als Fischer oder Koch und gewinnt seinen Ruhm im Jahrmarkttrubel durch gewaltige Kraft. Bürgerlich sind ferner die ausführliche Beschreibung der Umwelt des Fischers Grim, die Errettung Haveloks durch diesen schlichten, braven Mann und viele andere Einzelzüge aus dem alltäglichen Leben.

Daß neben dem Abenteuerlichen und den üblichen Motiven und Episoden auch das Christliche besonders unterstrichen werden konnte, zeigt z. B. der über 4000 paarweis reimende Kurzverse umfassende Roman *Beues of Hamptoun* (= Southampton). Er beginnt mit dem Hamletthema, nach dem des Helden Mutter den Tod des Gatten veranlaßt und den Mörder heiratet. Der Sohn Bevis, der durch ausländische Kaufleute in die Dienste des Sarazenenkönigs Ermin gelangt und sich in dessen Tochter Josian verliebt, besteht die meisten Abenteuer als tapferer und vaterländischer, vor allem aber als frommer christlicher Ritter, der schließlich — wie Horn und Havelok — sein Erbe zurückgewinnen und dann 20 Jahre in glücklicher Ehe mit Josian leben kann.

Auch diese Art sagte dem Publikum noch lange zu, wie gleichfalls der etwas später um 1300 in vier Versionen von 7—12 000 Versen geschriebene *Guy of Warwick* beweist. In ihm schließt sich an zwei Serien von Abenteuern, die Guy als bürgerlicher Sohn eines Haushofmeisters erleben muß, um sich seiner Geliebten Felice, der Tochter des Grafen von Warwick, würdig zu erweisen, eine dritte an, die er aus Gewissensgründen im Kampf gegen die Ungläubigen im Heiligen Lande für Gott besteht.

„Das Volk wollte gern von edlen Kämpfen der tapferen Ritter von England hören“, heißt es ausdrücklich im Prolog zu *Richard Cœur de Lion.* Und dem Begehren kam auch der Verfasser dieses Romans um 1300 in über 7000 Kurzversen mit paarweisen Reimen nach. Er weitete das bereits vorhandene Legendäre um den Führer des dritten Kreuzzuges aus, griff zugkräftige Motive — Patriotismus, orientalischen Zauber- und Märchenprunk, bis zur Rohheit gehende Kampfschilderungen und Abenteuer — auf und schuf einen völlig unhistorischen König.

Wie weit die Verdrehungen gehen konnten, zeigt 50 Jahre später der rd. 800 Zeilen lange Roman *Athelston,* in dem der Held von Brunanburh in den Mittelpunkt von Tatsachen gestellt wurde, die sich zu ganz verschiedenen Zeiten ereignet hatten. Durch Abenteuer und Wunder wandelte er sich von einem treulosen, jähzornigen und brutalen Herrscher zu einem reumütigen König, wozu wesentlich die Machtmittel der Kirche beitrugen.

Nachdem die Technik für die Abfassung der Versromane an englischen Stoffen ausgebildet worden war und der Erfolg zur Ausgestaltung dieser zeitgemäßen Gattung reizte, wandten sich die Spielleute auch den von früher her bekannten Sagen zu.

Aus dem Kreise der klassischen Sagen erfreuten sich nur die Alexander und Troja betreffenden Stoffe besonderer Beliebtheit. Unter den Alexanderromanen ist als bester der wahrscheinlich kurz nach 1300 geschriebene *Kyng Alisaunder* mit 8000 Versen in Reimpaaren zu nennen. Er fußt auf dem *Roman de toute Chevalerie* (vgl. S. 84) und einer ergänzenden lateinischen Quelle. Der erste Teil erzählt, wie der Zauber des ägyptischen Königs Nectanebus auf Olympias, die Gattin Philipps von Mazedonien, die wunderbare Geburt Alexanders bewirkte und berichtet über dessen Jugend, Thronbesteigung und Heldentaten. Der zweite schildert Alexanders Reisen und Eroberungen in Indien und anderen orientalischen Ländern mit ihren Fabelwesen und schreckenerregenden Erlebnissen. Nur einmal — bei der Versuchung des Helden durch Candace — spielt ein Liebesmotiv hinein.

Die Blütezeit des englischen Versromans erzeugte auch eine Trojageschichte: *Sege of Troye* von annähernd 2000 Zeilen, in denen der Dichter schnell von einer Episode zur anderen eilt, ohne sich Zeit für ein Verweilen bei den althergebrachten Abenteuern Jasons, der Zerstörung Trojas u. a. m. zu lassen.

Am wenigsten Nachhall hat in England der französische Sagenkreis gefunden, woran wohl außer den politischen Spannungen zwischen England und Frankreich der Umstand schuld ist, daß über Karl d. Gr. kein höfischer Roman, sondern nur ein sehr patriotisch gehaltenes französisches Heldenepos — ‚Chanson de geste' — als Vorlage vorhanden war.

Von den verschiedenen Abschnitten der Charlemagne- und Rolanddichtung sind aus jener Zeit nur zwei Fragmente unbedeutender Romane erhalten: *Roland and Vernagu*[40]) sowie *Fillingham Otuel*.

Der bretonische Sagenkreis, der um 1205 in Laȝamons *Brut* schon einmal mit so viel Liebe zur englischen Frühgeschichte seine Darstellung gefunden hatte, wurde erst um die Jahrhundertwende wieder aufgegriffen, und zwar folgten die englischen Dichter der schon von den Normannen vorgenommenen Aufteilung des Gesamtstoffes in Unterkreise, die Teile von Arthurs Leben oder einzelne Ritter der Tafelrunde in den Mittelpunkt stellten.

Um 1300 wählte ein englischer Dichter aus solchen Vorlagen, die er wiederholt ‚Brut'[41]) nennt, für seinen auf beinahe 10 000 Verse ausgedehnten *Arthour and Merlin*-Roman die Jugendgeschichte des sagenhaften Königs aus, dessen Leben von Geburt an durch Merlins Zauber (vgl. S. 100) beeinflußt wurde. Die Darstellung ist überreich an Abenteuern, Kämpfen, Schlachten und Personen.

Der um die gleiche Zeit[42]) im Norden entstandene *Sir Tristrem* bringt in 304 balladenartigen elfzeiligen

---

[40]) Vgl. R. Walpole in ‚*Univ. of California Publ. in Mod. Phil.*' 21 (1944), Nr. 6 und in MÆ 20 (1951), 40 ff.; H. Smyser in Sp 21 (1946), 275 ff.

[41]) Vgl S. 83, Anm. 6.

[42]) Vgl. J. Tatlock in Sp 14 (1939), 345 ff.

Strophen die Geschichte Tristans. Die spannende Erzählung ist jedoch so abrupt und zusammengedrängt, daß sie nur einem mit dem Stoff vertrauten Publikum verständlich sein konnte.

Der noch vor 1350 ebenfalls im Norden geschriebene, 4032 Verse zählende *Ywain and Gawain*-Roman[43]) verzichtete auf die breiten Monologe und Seelenanalysen des *Yvain* des französischen Hofdichters Chrestien v. Troyes. Er bringt geschickt und dramatisch bewegt im ersten Teil Ywains Erlebnisse am Zauberbrunnen und seine Heirat mit der Schloßherrin Landine, die gerade Witwe geworden ist; im zweiten seine mannigfachen Abenteuer und den nach Ritterart festgelegten Kampf mit Gawain sowie die Wiedervereinigung mit seiner Gattin, wobei das Treuemotiv unterstrichen ist.

Bei der Umschau nach geeigneten Themen für die vom bürgerlichen Publikum begehrten Versromane fanden auch solche Behandlung, die außerhalb der herkömmlichen Sagenkreise lagen. Noch bevor der Blick auf die klassischen, französischen und bretonischen Kreise gerichtet worden war, erschien gleichzeitig mit den ersten Romanen englischer Stoffe eine orientalische Liebesgeschichte als kurze, nur etwa 600 Zeilen zählende Nachbildung einer französischen Vorlage: *Flores and Blancheflour.*

Der Königssohn Flores will seine Jugendgeliebte Blancheflour auch dann nicht aufgeben, als sie durch Kaufleute in den Harem eines Sultans gebracht worden ist. Nachdem er viele toddrohende Gefahren überstanden und den Sultan gerührt hat, findet die Treue in der glücklichen Vereinigung beider Liebenden Lohn.

Aus dem Ende des 13. Jhs. datiert die dem mittelalterlichen Empfinden vertraute Verherrlichung der Männerfreundschaft in *Amis and Amiloun.* Die beiden Freunde schrecken um der Treue willen selbst nicht vor der Tötung der eigenen Kinder zurück, wenn das Leben des anderen in Gefahr ist.

Der Orient lieferte ferner das Thema für *The King of Tars*[44]) aus der ersten Hälfte des 14. Jhs. Damit der König

---

[43]) Vgl. W. Lister in MLR 35 (1940), 56 ff.

[44]) Vgl. L. Hornstein in PhQ 20 (1941), 82 ff.; Sp 16 (1941), 404 ff.; MLR 36 (1941), 432 ff.; R. Geist in JEGPh 42 (1943), 260 ff.

von Tars den Krieg beenden kann, heiratet seine christliche Tochter den heidnischen Sultan von Damaskus. Der Ehe entspringt ein mißgestaltetes Kind, das nach dem Versagen aller heidnischen Götter nur durch die christliche Taufe zu einem hübschen Knaben umgeformt wird. Darauf unterzieht sich auch der Sultan der Taufe.

An den Ausgang der im Zeichen der Verbürgerlichung stehenden Periode gehört ein Roman, der — wie der etwa gleichzeitige *Athelston* (vgl. S. 116) — durch seinen Stil bereits zur Ballade weist: *Gamelyn*. Die von Shakespeare übernommene bekannte Geschichte vom betrogenen jüngeren Bruder ist ganz auf den Alltag abgestimmt. Der Betrogene klagt hier über seine unbestellten Felder, gefällten Eichen und verfallenen Gehöfte. Gunst erwirbt er sich beim einfachen Volk durch seine Körperkraft und durch seinen Kampf für das Recht der Schwachen.

3. ‚Lais' und ‚Fabliaux'

Neben den meist sehr langen Versromanen, die hintereinander nicht gelesen oder vorgetragen werden konnten und deshalb auch verschiedentlich von den Verfassern mit Hinweisen auf die geeignetsten Stellen zur Unterbrechung versehen worden waren, bildete sich, wie früher am Hofe (vgl. S. 82), jetzt beim bürgerlichen Publikum der ersten Hälfte des 14. Jhs. eine Kurzform heraus, die den fortlaufenden Vortrag — nach Chaucers *Franklin* wurden sie gesungen — gestattete. Sie knüpften an die von Marie de France (vgl. S. 82) verfaßten ‚bretonischen Lais' an und gehen auch in englischer Sprache unter diesem Namen, obgleich in einigen Fällen die Gründe dafür gesucht sind. Zu den ersten gehören drei derartige englische Kurzromane:

Sir Launfal verschmilzt viele volkstümlichen Motive zu 1044 Versen[45]). Es wird berichtet, wie sich Arthurs Haushofmeister seiner Liebe zur Feenprinzessin Tryamour rühmt, dadurch sein Gelübde bricht und Unheil anrichtet, kurz vor seinem Tode aber von der Fee zur Zauberinsel Alyroun geholt wird.

---

[45]) Vgl. W. Stokoe in PMLA 63 (1948), 392 ff.

Sir Orfeo bringt die klassische Orpheus-Eurydice-Geschichte in mittelalterlichem Gewande. Der Hades wird zum Feenreich, in dem Pluto als Elbenkönig herrscht und durch Zauber über Heurodis, die Gattin Orfeos, Gewalt gewinnt.

Sir Degare verwendet gleichfalls bekannte Motive und setzt sich aus einem mit Zauber durchwobenen Märchen von 1073 Versen zusammen. Ein König will nur demjenigen, der ihn in der Schlacht besiegt, seine Tochter geben; diese wird von einem geheimnisvollen Ritter entführt, ihr ausgesetzter Sohn heiratet später beinahe seine eigene Mutter; er entdeckt seinen Vater an einem schadhaften Schwert.

Demselben Bedürfnis nach Unterhaltung dienten schließlich noch die ‚Fabliaux', kurze humoristische Verserzählungen mit Situationskomik, die besonders in Frankreich in Blüte standen, in England vor Chaucer aber nur durch den in 450 Versen abgefaßten Schwank von der Kupplerin *Dame Siriz* (c. 1275) belegt ist, die den Kleriker Wilekin mit der von ihm geliebten ängstlichen Kaufmannsfrau Margeri zusammenbringt.

Auf der Grenze zu dieser Art kurzer Verserzählungen stehen die unter dem Titel *The Proces of the Seuyn Sages* (Ende 13. Jh.) durch eine Rahmengeschichte vereinten fünfzehn Stücke meist orientalischer Herkunft: Diocletians Sohn, de sieben Meistern zur Erziehung anvertraut worden ist, wird von seiner Stiefmutter angeklagt. Während des ihm auferlegten siebentägigen Schweigens entspinnt sich zwischen den Meistern und der Kaiserin ein Kampf in Geschichten über die weibliche Unzulänglichkeit und Gegengeschichten, der so lange hinausgezögert wird, daß der Sohn nach Aufhebung des Schweigebannes durch eine eigene Geschichte den „Prozeß" beenden kann.

Eine Abart des ‚Fabliau' wird durch die derbe Satire *Land of Cockayne* aus der zweiten Hälfte des 13. Jhs. vertreten, in der nach französischer Vorlage in 95 Reimpaaren witzig die Geschichte eines im Schlaraffenland gelegenen Klosters erzählt wird.

Die der asketischen Periode folgende Literatur wurde in zunehmendem Maße von einem weltbejahenden englischen Bürgertum gestaltet. Dem Bedürfnis nach immer mehr Abenteuer- und Liebesgeschichten, nach Geheimnisvollem und Legendärem versuchten die Dichter und Spielleute unermüdlich nachzukommen, indem sie neben den alten, bereits früher dargestellten Sagenstoffen Anregungen aus dem Orient willig aufgriffen, vor allem aber — gerade zuerst — in der englischen Frühgeschichte Umschau hielten, was der erwachenden Selbstbesinnung auf das eigene Volkstum am dienlichsten war, wobei die geschichtliche Genauigkeit dem bürgerlichen Verlangen nach Unterhaltung um jeden Preis weichen mußte. Dies läßt sich sogar von den historiographischen Werken sagen, die zwar Anspruch auf wahrheitsgetreue Berichterstattung erheben, aber doch weit davon entfernt sind. Abgesehen davon, daß z. B. Robert v. Gloucester in seiner *Verschronik* — der einzigen des 13. Jhs. — dem allgemeinen Bedürfnis durch Verwendung von rd. 6000 Reimpaaren nachkam, trug er unkritisch alles das zusammen, was zur Verherrlichung englischen Heldentums bürgerlicher Prägung beisteuern konnte. Ähnliches gilt von der *Short Metrical Chronicle of England* aus dem frühen 14. Jh.

Das Gefallen an irdischen Handlungen ging so weit, daß häufig sogar in ursprünglich ganz ritterliches Milieu die Welt des einfachen Bürgers hineingezogen und in Einzelheiten geschildert wurde. Selbst ganz kirchliche Stoffe vermochten diesen Hang nicht mehr zurückzuhalten, so daß sich z. B. das Drama durch Einflechtung sehr alltäglicher Szenen aufzulockern begann, und die Diener der Kirche Schilderungen des irdischen Lebens in das religiöse Schrifttum ausgiebiger als früher einbezogen.

Die verhältnismäßig zahlreichen Todeslieder, die dagegen ganz abseits von der Hinwendung zur Welt zu stehen scheinen, erfahren aber doch wohl nur auf dem Hintergrunde der allgemeinen Verweltlichung ihre historisch richtige Wertung. Die Kirche durfte gerade jetzt keine Mühe scheuen, auf die Nichtigkeit des Irdischen und auf das unabwendbare Ende hinzuweisen. Für die „hartgesottenen Sünder“ half dabei augenscheinlich bloß noch die drastische Ausmalung der Todesängste und

Höllenqualen sowie des Leichenfraßes durch Würmer in den grellsten Farben.

Erwuchsen diese Todeslieder aus der Mißbilligung der bürgerlichen Weltbejahung, so trugen die anderen religiösen Gedichte ihr ebenso Rechnung, wie die Legenden. Was noch an geistlicher Epik entstand, erschien verbürgerlicht. In unterhaltender und belehrender Absicht, wiederum unter Akzentuierung von möglichst viel Legendärem und Wundersamem, frischte man alte Stoffe auf, häufte sie z. T. zu ‚Summen' an und gab dem Alltäglichen immer großzügiger Raum, was dazu führte, daß trotz des anfänglichen Auftriebs alles Religiösen die weltliche Dichtung die Oberhand gewann und diesem Zeitabschnitt das Gepräge gab.

Als bestimmend gehörten dazu ferner die Freude am Hören, Schauen und Singen, wodurch sich außer der Vielfalt der Dichtgattungen die Menge der vorgetragenen Romane und Legenden, das Aufblühen des Dramas zu einer Sache des ganzen Volkes, die herrschende Neigung zum Vers und die Mannigfaltigkeit der metrischen Formen erklären.

4. Kapitel

DIE JAHRZEHNTE DES ERWACHENDEN NATIONALBEWUSSTSEINS

(von c. 1350 bis zum Beginn des 15. Jhs.)

Nach dem Zeitabschnitt des aufstrebenden englischen Bürgertums führten die folgenden Jahrzehnte schnell sowohl zu einer betonten Wertung des Nationalen, die die Zurückweisung des Fremdartigen und die Anklage gegen alles, was sich widersetzend oder gar zerstörend in den Weg stellte, mit sich brachte, als auch zu einer neuen Würdigung des englischen Individuums, das lange in mittelalterlichen Bindungen verschüttet gewesen war.

Das Jahr 1362, in dem durch Gesetz die Durchführung aller Prozesse auf Englisch beschlossen wurde, und die Eröffnung des Parlaments 1363 in heimischer Sprache kennzeichnen äußerlich den endgültigen Sieg über das Anglonormannische (vgl. S. 89).

A. Die Poesie

Im Zuge dieser der Welt immer mehr zugewandten Entwicklung trat das religiöse Schrifttum — wenigstens in den alten Formen — zurück. Für die Dichtung scheint das allerdings zunächst nicht zuzutreffen, denn als die durch die Bettelmönche inspirierte und geförderte religiöse Lyrik (vgl. S. 101 ff.) in der ersten Hälfte des 14. Jhs. versiegte, erhielt gerade sie von den Mystikern einen neuen Auftrieb.

Die sich in England um Richard Rolle (1290—1349) sammelnde mystische Schule war gemäßigter als die kontinentalen und unterstrich — allgemeiner englischer Neigung entsprechend — das didaktische, d. h. hier: seelsorgerische Moment. Der Wunsch, auch anderen das Erlebnis der mystischen inneren Schau zu vermitteln, führte zu zahlreichen Versuchen ihrer Darstellung in Autobiographien und ähnlichen Schriften. Doch konnte diesen betont persönlichsten Erfahrungen nur eine auf einen kleinen Kreis beschränkte Bedeutung zukommen, ebenso wie den lyrischen Niederschlägen.

Unter dem Einfluß der Mystik stehen z. B. die *Lovely Tear*[1]) und ein Gedicht, das die Vorstellung gibt, sich in Christi Wunden bergen zu wollen[2]), ferner *The Christ Child shivering with Cold*[3]), in dem die Gottesmutter den frierenden Jesusknaben liebkost und ihn auffordert, seine Füße an ihren Brüsten zu erwärmen, sowie Rolles *Song of Love-longing*[4]) und *Song of the Love of Jesus*[5]). Zweifellos brachte diese Spiegelung tiefster Empfindungen in der Lyrik eine Steigerung des Künstlerischen mit sich, solange der betende Ton nicht zum hastigen endlosen Wiederholen ausartete, wie das z. B. die *Orison to the Trinity*[6]) zeigt.

Die Überbewertung des Spirituellen führte aber mindestens eine nebensächliche Behandlung der Form, wenn nicht gar deren Verfall, herbei. Die Zeit des Liedes mit seinen mannigfachen Strophenformen (vgl. S. 105) war vorbei und leidenschaftliche, eindringliche Deklamationsverse traten im 14. Jh. an die Stelle.

---

[1]) C. Brown (XIV), Nr. 69. [2]) Ebd. Nr. 71.
[3]) Ebd. Nr. 75. [4]) Ebd. Nr. 83.
[5]) Ebd. Nr. 84. [6]) Ebd. Nr. 93.

Mehr aber als die Mystik waren für die Lyrik früher als für andere Dichtgattungen die sozialen Nöte des 14. Jhs. eine Quelle neuer Töne. Innerhalb religiöser Poesie erklingen sie in dem im Vernon-MS. zusammengefaßten Zyklus, z. B. in *Mercy Passes All Things*[7]) oder in den *Verses on the Earthquake*[8]), einer Warnung Gottes. Gelegentlich erdrücken sie auch alles andere und lassen Welthaß und -flucht übrig, wodurch diese Gedichte im Endergebnis den mystischen nahestehen: ein Hund gilt als zuverlässiger als der Mensch[9]) und wer die Wahrheit äußert, wird bestraft[10]).

Sonst kam in der religiösen Lyrik vorläufig nichts Neues hinzu. Im ausgehenden 14. Jh. nährte sie sich vom Alten, wobei hin und wieder beachtliche Leistungen entstanden, wie z. B. das die Jesuslyrik fortsetzende Gedicht mit dem Refrain „Quia amore langueo" beweist, in dem der Dichter Jesus auf Erden trifft, als dieser in ganz weltlicher Art um eine Seele wirbt wie ein Freier um seine Geliebte[11]).

Aber trotz dieses Auftriebs durch die Mystik und trotz der zeitigen Aufnahme eines neuen — des sozialen — Themas, blieb die religiose Dichtung hinter der weltlichen zurück, nachdem die soziale Not in dieser Eingang gefunden und sich zum Hauptthema ausgeweitet hatte, was nach der ruhmreichen Zeit Eduards III. (1327—77) der Fall war. Man begnügte sich dann nicht mehr mit der Aufzeigung der Mißstände, sondern stellte die Schuldfrage und machte nationalbewußt in erster Linie die Regierung und die Reichen für das Elend des Volkes verantwortlich.

Der *Song on the Times of Edward II.*[12]) richtete sich im Bilde der Tierfabel gegen sie als die Bedrücker der mittleren und unteren Klassen. Der Wat Tyler-Aufruhr ist der Hintergrund der englischen und lateinischen Gedichte *On the Rebellion of Jack Straw*[13]) (vgl. S. 89) und *On the Slaughter of Archbishop Sudbury*[14]), die beide düster in die Zukunft schauen. Eines der zahlreichen Zeitgedichte *On the Times*[15]) nahm 1388 die Flucht des

[7]) C. Brown (XIV), Nr. 95.
[8]) Ebd. Nr. 113.
[9]) Ebd. Nr. 104.
[10]) Ebd. Nr. 103.
[11]) Ebd. Nr. 132.
[12]) T. Wright (1839), 195 ff.
[13]) Ders. (1859), 224 ff.
[14]) Ders. (1859), 227 ff
[15]) Ders. (1839), 251 ff.

Günstlings Robert v. Vere zum Anlaß, um gegen die Mode und andere Unarten eine revolutionäre Klage zu erheben, und kurz vor Ausgang des Jahrhunderts wurden unter Tiernamen die unbeliebten Ratgeber Richards offen angegriffen[16]). Auch die Mönche, Lollarden und andere mit religiösen Zwistigkeiten und Unruhen in Zusammenhang stehenden Zeiterscheinungen stellten Ziele der Kritik dar. Der *Song against the Friars*[17]) leitete 1350 mit Vorwürfen gegen die Habgier und Unmäßigkeit der Bettelmönche die Reihe ähnlicher Gedichte oder Lieder der zweiten Hälfte des 14. Jhs. ein und das lange 476 Zeilen umfassende *On the Evil Times of Edward II.*[18]) faßte die Klagen und Besserungsvorschläge zusammen. Als Ursache von Rachsucht, Totschlag, Hunger und Teuerung stellte hier der Verfasser die verlogene Geistlichkeit bis hinauf zur päpstlichen Umgebung heraus, in der vor der Wahrheit das Geld herrsche; die Kirche entarte immer mehr. Nur die Reichen erhielten Absolution, Adel und Ritter hätten ihre Berufung vergessen und die königlichen Beamten ließen sich bestechen. Die ganze Welt sei in Unordnung, denn der Trug dauere schon zu lange an. Gott möge endlich Wahrheit senden.

Damit sind für die meisten von der Mitte des 14. Jhs. ab geschriebenen weltlichen Gedichte die Themen angedeutet, durch die sie als soziale Dichtung gekennzeichnet werden. Sie prangerten alles an, was als schädigend für das englische Volk und als hemmend für ein gewünschtes starkes England angesehen werden mußte.

B. Die Prosa

An religiöser englischer Prosa war das 13. Jh. hindurch und auch in der ersten Hälfte des 14. nichts Nennenswertes entstanden, so daß ihr in der Literaturgeschichte kein besonderes Kapitel eingeräumt werden kann. Die Vorliebe für den Vers hatte die Stoffe, die einst in *Vices and Virtues* oder in der ‚Katherinengruppe‘ in Prosa geboten wurden, zur Legenden- und Lehrdichtung herübergezogen, und selbst aus dem

[16]) T. Wright (1859), 363 ff [17]) Ders. (1859), 263 ff. [18]) Ders. (1839), 232.

üblichen Erbauungsmaterial war vieles dem Bereich der Prosa entrissen und in Verse gekleidet worden. Der Vers blieb auch weiterhin in Predigten, Laienmeßbüchern, Katechismen, Anweisungen fur das Hören der Messe oder fur die Schulung von Geistlichen u. a. sehr verbreitet; aber daneben erschienen jetzt Stücke ähnlicher Inhalte und Übersetzungen lateinischer Moraltraktate in Prosa. Von zwei Seiten erfuhr die religiöse Prosa in der zweiten Hälfte des 14. Jhs. dann einen wirklichen Auftrieb.

Weniger wegen des Stils als wegen der Verbreitung ist von großer Bedeutung die zwischen 1382 und 1384 von Wyclif und Nicolas Hereford besorgte *Bibelübersetzung.* Ihr Verdienst liegt darin, für die biblischen Gedanken den treffenden, einfachen, wenn auch häufig groben Ausdruck in der englischen Sprache zu finden, wodurch der übliche Redeschmuck entwertet und die englische Prosa zum Mittel klarer Gedankenäußerung und logischer Beweisführung gemacht wurde. Wyclifs Forderungen nach Einfachheit, schlichtem Ausdruck und Frömmigkeit fanden vor allem in den volkstümlichen Predigten der Lollarden Beachtung (vgl. S. 89) und lassen sich auch in den Musterpredigten in John Mirks *Festial* (c. 1400) nicht verleugnen.

Der zweite wichtige Einfluß kam von den Mystikern und ging, im Gegensatz zu den eben aufgezeigten, weniger in die Breite als in die Tiefe. In dem für eine Einsiedlerin verfaßten Werke *Form of Perfect Living* legte Richard Rolle (1290—1349) seine innersten Erlebnisse und Überzeugungen mit Leidenschaft dar und erzielte durch Gleichklang und Wortspiel der Antithesen, durch Entsprechung gleichgeschalteter Sätze, häufige rhetorische Figuren und stellenweise durch eine Mischung von Prosa mit Poesie den beabsichtigten lebendigen Eindruck. Walter Hilton († 1395) versuchte in seinem Erbauungsbuch *Scale of Perfection* durch ein allen Religiösen zugängliches Empfinden zu einem verinnerlichten Christentum mit Hilfe eines ungekünstelten Englisch zu führen. Auch der Verfasser der *Cloud of Unknowing,* einer spekulativen Abhandlung der Mystik, bemühte sich, alles Schwierige in englischer Sprache zu meistern und rang schöpferisch um einfachen Ausdruck.

Das oben (S. 125) für die geistliche Prosa Gesagte gilt auch für die weltliche. Nachdem bis zur Mitte des 14. Jhs. alle Stoffe für die Dichtung — hauptsächlich für den bürgerlichen Roman — beansprucht worden waren, rückte man jetzt an einigen Stellen vom Vers ab. So zum erstenmal in der Historiographie durch John Trevisas *Brut or the Chronicles of England* von 1387, einer ziemlich wörtlichen, für einen weiten Leserkreis bestimmten, häufig weitschweifigen Übersetzung von Ranulf Higdens *Polychronicon,* nachdem noch in der ersten Hälfte des 14. Jhs. zwei langatmige Verschroniken erschienen waren[19]).

Die stärkere Beachtung der englischen Prosa erhellt gleichfalls aus ihrer Verwendung bei der Übersetzung normannischer Jagdtraktate, lateinischer Medizinbücher und Rezepte sowie Chaucers *Treatise on the Astrolabe* — der Abhandlung über ein astronomisches Meßinstrument — und den *Travels of Sir John Mandeville* (c. 1377), mit denen auch in England der Anfang prosaischer Unterhaltungsliteratur gemacht und einer anderen Geisteshaltung als der im Versroman bekundeten entsprochen wurde.

C. Das Drama

Die letzten Jahrzehnte dieser Periode waren auch für das Drama fruchtbar. Nachdem bis zur Mitte des 14. Jhs. der Übergang von der ursprünglichen Pflegestätte — der internationalen Kirche — in die Hände der Zünfte vollzogen war, schritt die Säkularisierung — und eine damit verbundene Nationalisierung — zusehends fort. Aus den frühen, symbolisch angedeuteten Orten der Handlung in den Kirchen hatten sich über die festen ‚Häuser' die fahrbaren ‚pageants' (vgl. S. 110) mit ihren unter großem Kostenaufwand so realistisch wie möglich ausgestalteten Szenerien entwickelt, wobei der feuerspeiende Höllenrachen als Glanzstück wiederholt herausgestrichen wird. Der Auflockerung der religiösen Stoffe kam ihre Darstellung durch Laien zustatten, die versuchten, bei dem Streben nach Realismus auch die

[19]) 1327: Thomas Beks *Chronicle of England* und 1338: Mannyngs *Rimed Story of England.* Der 1375 erschienene *Bruce* von John Barbour ist mehr nationalschottisches Heldenepos als Geschichte innerhalb der sonst üblichen schottischen Reimchroniken.

komische Seite des Lebens soweit wie möglich einzubeziehen.

Von den für 125 Städte und Dörfer aus allen Teilen Englands bezeugten Zyklen von Spielen sind außer einigen Bruchstücken nur vier — z. T. fragmentarisch — erhalten: der *York*-Zyklus mit 48 Szenen (1340—50), die 25 *Chester*-Spiele (c. 1350), der nach Handschriftenbesitzern benannte etwas spätere, 32 Szenen umfassende *Towneley*-Zyklus, der wahrscheinlich in Wakefield entstanden war, und das ins 15. Jh. hineinreichende *Ludus Coventriae*[20]), dessen 42 Szenen das Repertoire fahrender Schauspieler bildete.

Die einzelnen Szenen, die die biblische Geschichte von der Schöpfung bis zum Jüngsten Gericht darstellen, stammen von vielen Autoren und sind verschiedenwertig[21]). Bei den *York*- und *Towneley*-Spielen tritt das Streben nach Realistik und Komik besonders hervor. Der alte Joseph sucht eifrig im überfüllten Bethlehem nach einem Stall, Kain wird drastisch als grober und geiziger Bauer gezeichnet, Pharao, Herodes und Pilatus erscheinen als Wüteriche, Noah prügelt seine Frau, weil sie nicht in die Arche will u. a. m. Die zweite der Hirtenszenen ist schon ganz Posse: Mak verbirgt einen gestohlenen Widder in der Wiege und gibt von diesem vor, er sei das verhexte Kind seiner gerade niedergekommenen Frau.

Die Darstellungen in den beiden anderen Zyklen sind farblos und lehrhaft. Ein ‚Erklärer‘ knüpft an die Szenen allgemeine Betrachtungen oder gibt Erläuterungen. Im späten *Ludus Coventriae* werden außerdem abstrakte Begriffe wie Wahrheit, Barmherzigkeit, Gerechtigkeit u. a. verkörpert, was bereits auf die künftigen ‚Moralitäten‘ hinweist (vgl. 5. Kap. B 3).

D. Die epische Dichtung

Die bevorzugte literarische Gattung des späten Mittelalters war das erzählende Epos. Es gestaltete jetzt nicht nur bekannte Stoffe in alter Weise, sondern bezog neue ein und entwickelte andersartige Formen.

---

[20]) Vgl. T. Fry in StPh 48 (1951), 527 ff.
[21]) Vgl. H. Wells in JEGPh 38 (1939), 496 ff.

1. Die geistliche Epik

Für die geistliche Epik war allerdings, ebenso wie für die religiöse Lyrik, die Blütezeit vorbei. Was noch geschrieben wurde, steht meistens im Schatten des im 13. Jh. Entstandenen. Das gilt für das *Fall and Passion*-Epos, das die Paradiesgeschichte und das Leben Christi berichtet, und für eine weitere *Kindheit Jesu*-Bearbeitung. Auch *Marias Streitgespräch mit dem Kreuz* und die *Resurrection and the Apparition*, in der durch ritterliche Anklänge ein neuer Reiz auszuüben versucht wird, sind unbedeutende Stücke.

Reichhaltiger ist die belehrenden Zwecken dienende geistliche Epik, für die die umfassenden ‚Summen' richtunggebend waren (vgl. S. 85). Die um die Mitte des 14. Jhs. anzusetzende Geschichte des weisen Kindes *Ypotis*, das sich mit Kaiser Hadrian unterhält, stellt nichts anderes als einen Katechismus dar, auch in der äußeren Form; und das gleichzeitige Streitgedicht über den *Guten Mann und den Teufel* ist letzten Endes eine Abhandlung über die Todsünden. In das Gewand der Allegorie gekleidet, sollen auch die 40 Strophen des *Quatrefoil of Love* und die *Festivals of the Church* christlichen Lehrstoff mundgerecht machen. Natürlich fehlt es nicht an Aufforderungen zur Reue *(Drei Todesboten, Feinde des Menschen)*. Wie stark — zweifellos wegen der sehr im argen liegenden sozialen Verhältnisse (vgl. S. 89) — das Bedürfnis damals war, sich auf das Jenseits einzurichten, beweist auch neben den *Lehren des guten Mannes für seinen Sohn* und den *Lehren der Frau für ihre Tochter* der Ende des 14. Jhs. aus dem Lateinischen übersetzte *Mirror of Life* in 8000 Reimpaaren.

Ihren umfassendsten und besten Bereich fand die religiöse Epik auch jetzt noch in der Legende. Nicht nur wurden neben alten Einzellegenden die reichhaltigen Sammlungen (vgl. S. 106) immer wieder abgeschrieben, man suchte weiter nach anderen Stoffen und schuf neue Zyklen.

Vor allem wurde die Mariengruppe (vgl. S. 102 f.) um weitere Wunder bereichert. Die *Vernon Miracles*, ursprünglich eine Sammlung von 42 kurzen Wundergeschichten, vermitteln uns heute nur noch neun ähnliche Erzählungen. Eine Dirne wird zum Gebet in einer Kapelle veranlaßt und erlangt von Maria Vergebung und Erlösung. — Maria schlägt die Normannen bei Crotey mit Blindheit — errettet das von einem jüdischen Vater in den Ofen geworfene Kind — heilt einen aussätzigen Mönch durch Milch aus ihrer Brust u. a. m.

Die wertvollste Sammlung ist die aus dem Ende des 14. Jhs. stammende *Scottish Collection* mit 50, in kurzen Reimpaaren geschriebenen Legenden, die weniger für den Gottesdienst als zum Lesen bestimmt waren und alle Themen vertraten.

Die Art der kurzen Marienwunder führte hinüber zu fromm-weltlichen Erzählungen, die von den Wundern im Alltagsleben handeln und in Abstufungen von andächtiger bis zu grob scherzender Haltung vorhanden waren. So berichtet die Geschichte *Vom anmaßenden Schmied,* der zunächst wie Gott hart sein will, daß er seine Frau zu Tode hämmerte. — Der *Geist von Gy* findet keine Ruhe und führt mit der von seiner Frau herbeigerufenen Geistlichkeit theologische Streitgespräche. — Die ‚Exempla', nach denen selbst den Verworfensten Gnade zuteil werden kann, lieferten ebenfalls Themen: Ein reumütiger *Outlaw* kommt trotz vieler Schandtaten so schnell in den Himmel, daß sich ein frommer Einsiedler fragt, warum er nicht auch solchen schlechten Lebenswandel geführt habe. — Das *Child of Bristow* kann durch den Verkauf aller irdischen Güter ihren gottlosen Vater von den Höllenqualen befreien.

Schließlich verdienen hier noch zwei Legenden Erwähnung, die wegen ihrer metrischen Form in eine größere, um die Mitte des 14. Jhs. einsetzende literarische Bewegung hineingehören. In *St. Erkenwald* (c. 1350) betrachtet dieser ae. Bischof den bei Bauarbeiten der Paulskathedrale in London ausgegrabenen, noch nicht verwesten Leichnam, der sich auf Anruf als Überrest eines heidnischen Juristen erweist, worauf des Bischofs niederfallende Tränen dessen nachträgliche Taufe und Erlösung zum Himmel veranlassen.

Ferner die zur gleichen Zeit verfaßte Legende *Pistel of Swete Susan,* die nach dem 13. Danielkapitel der Vulgata die Geschichte Susannas erzählt und ausführlich bei den Schilderungen ihres Gartens mit den vielen Blumen und Vögeln verweilt.

Beide Stücke verwenden Alliteration, die seit einem Jahrhundert durch den unter normannischem Einfluß hochgekommenen Endreim ganz zurückgedrängt worden war. Eine im nördlichen und nordwestlichen Mittelland betriebene Pflege des nationalenglischen Gedankens wandte sich altheimischen Stoffen zu und ging in der betonten Abkehr vom Französischen so weit, daß sie auch die ae. Stabreimtechnik wieder aufgriff.

Die zuletzt genannten Legenden stellen zusammen mit wenigen anderen Stücken der geistlichen Epik — wie z. B. den ebenfalls um 1350 entstandenen, Stabreim verwendenden *Alttestamentlichen Geschichten* — nur einen geringen Beitrag dieser Bewegung dar. Als ihr bestes Sprachrohr erwies sich die vom Bürgertum nach wie vor begehrte Gattung des Versromans.

2. Die Versromane

Die aus der Zeit nach der Mitte des 14. Jhs. stammenden zahlreichen und z. T. sehr ausgedehnten Versromane mit ihrer romantischen Welt der sagenhaften Helden, Abenteuer, Wunder und Liebenden stehen zweifellos im Gegensatz zur damaligen Wirklichkeit. Doch ist dieser scheinbare Widerspruch zwischen einem elenden Dasein und einer erträumten vergangenen oder zukünftigen Welt in der Geistesgeschichte wiederholt anzutreffen und entspricht gewiß zeitweise einem tiefen Bedürfnis des Menschen. Die erwähnte alliterierende Gruppe bildet nur eine unter anderen, von denen vorweg die in alten Formen weiterhin gepflegten zu erwähnen sind.

a) Die Romane mit Endreim

Der Metrik nach in herkömmlicher Art, stofflich bereits in veralteten Bahnen, bewegt sich *Sir Degrevant*[22]), wo der Held für das ihm von seinem Herrn zugefügte Unrecht durch Heirat von dessen Tochter entschädigt wird. Das Veraltete liegt vor allem in den ausgedehnten Beschreibungen von Kleidern, Bildern und Prunk, die das längst geschwundene ritterliche Milieu unterstreichen, was auch für *Ipomedon* gilt, der die Zeit von vor

[22]) Vgl. L. Canon EETS 221 (1949).

zwei Jahrhunderten widerspiegeln möchte, wo sich der Ritter erst in zahlreichen Abenteuern seiner Geliebten würdig erweisen muß. Im alten Stil zeitigte jetzt auch noch der französische Sagenkreis, der ja erst spät Beachtung fand (vgl. S. 117), einige Stücke[23]). Der *Song of Roland* berichtet in paarweise reimenden Versen, von denen 1049 erhalten sind, Rolands zahlreiche Kämpfe und von seinem tapferen Ausharren im Tal von Roncesvalles. — *Sir Ferumbras* und der zweite Teil von *The Sowdone of Babylone* (=Sultan v. B.) schildern, wie der Riese Firumbras in Spanien durch Olivier besiegt wird und nach seiner Taufe auf der Seite der Christen weiterkämpft und in der Hauptsache, wie sich des Sultans schöne Tochter Floripas in Guy v. Burgund verliebt und vor keinem Verrat an ihren heidnischen Landsleuten zugunsten der Christen zurückschreckt.

Von dieser Gruppe hebt sich eine zweite ab, und zwar inhaltlich, weil sie dem Arthurkreis angehört, der jetzt in der zweiten Hälfte des 14. Jhs. bevorzugt behandelt wurde; vor allen Dingen aber wegen der Darstellung. Wie *Sir Tristrem* und *Ywain and Gawain* sind sie alle im nördlichen Mittelland entstanden, zeigen im Schauplatz und in der Schilderung des Milieus eine betont englische Haltung und nähern sich — ähnlich wie der *Athelston*-Roman — dem Balladenton.

In sechzehnzeiligen Strophen erzählt der um 1350 im Volkston verfaßte *Sir Perceval of Galles* (= Wales) einen Teil von Crestiens *Perceval:* Der im Wald umherirrende einfältige Parzival tötet mit Geschick den roten Ritter und andere Gegner, errettet Lufamour vor dem Sarazenenwerber und heiratet sie.

Ebenso volkstümlich gehalten ist *The Avowynge of King Arthur.* Arthur, als Jäger und zum Scherz aufgelegter Kamerad, tut zusammen mit dem ritterlich-höfischen Gawain, dem weltklugen Baldwin und dem spöttelnden Kay auf der Eberjagd prahlerische Gelübde.

Den Gipfel dieser Gruppe bildet der um 1400 in verdoppelten Balladenstrophen von insgesamt 3834 Versen abgefaßte *Morte Arthur,* der seinen Titel aus dem zweiten Teil nimmt, in dem Arthur nach Agravains Verrat

---

[23]) Vgl. H. Smyser in Sp 21 (1946), 275 ff.

gegen Lancelot zieht und auf der Heimkehr seine Todeswunde erhält. Sonst steht die Geschichte Lancelots und seine schuldhafte Liebe zur Königin im Mittelpunkt.

Neben dem Arthurstoff wurden auch einige andere vervolkstümlicht und zu Kurzromanen als ‚Lais' aus den sonst üblichen Motiven zusammengesetzt. Von den früheren in Reimpaaren geschriebenen ‚Lais' (vgl. S. 119 f.) heben sich die nach 1350 verfaßten durch die Schweifreime ab (*Emare, Sir Gowther* u. a.).

In einer Reihe von Versromanen wurde die christlich-lehrhafte Tendenz so stark, daß sie in unmittelbare Nähe der Legende rückten. So exemplifiziert *Sir Amadace* in rd. 1000 Schweifreimversen Edelmut, Treue und Dankbarkeit an einem gut erzählten mittelalterlichen Lieblingsstoff und *Roberd of Cysylle* (= Sizilien) (c. 1400) will in 888 paarweise reimenden Versen zur Demut und zum Duldertum anregen. Auch *Sir Eglamour* und *Sir Isumbras* werden zum Vorbild des Duldertums, in letzterem allerdings bis ins Unglaubwürdige gesteigert, ebenso wie in dem doppelt so langen (über 2000 Verse) legendären Roman *Le Bone Florence of Rome*, in den als Ausgleich für die Fülle der Wunder möglichst viele Züge aus dem Alltag hineingezogen worden sind. Die zu Unrecht wegen Ehebruchs Angeklagte wird hier zum Muster christlicher Standhaftigkeit.

b) Die alliterierenden Romane

Die betont englische Haltung in der im nördlichen und nordwestlichen Mittelland entstandenen und den Arthurkreis behandelnden Gruppe wurde dann in einer letzten durch die Verwendung der Alliteration unterstrichen, wodurch auch äußerlich die Abwendung vom fremdartigen Französischen zum Ausdruck gebracht werden sollte. Da der Roman immer noch beim Publikum am begehrtesten war, kommt seiner stark vertretenen alliterierenden Abart besondere Bedeutung für das nach 1350 erwachende Nationalbewußtsein zu.

Einer der frühesten, um 1350 entstandenen alliterierenden Romane, *Joseph of Arimathie*, schlägt sogleich die nationale Saite in interessanter Weise dadurch an, daß er erstmalig einen Teil der Gralsgeschichte, die als ehrend für das Vaterland empfunden wurde, bringt.

Nach französischer Vorlage erzählt der Dichter in 709 Versen, daß Joseph v. Arimathia nach 42jähriger jüdischer Gefangenschaft mit dem Gral nach Sarras zog, wo der König durch die Visionen des Gekreuzigten und der blutigen Lanze bekehrt und darauf von dem heidnischen König von Babylon bekriegt wurde. Joseph verhalf dem Neubekehrten zum Siege und ging nach England.

Der Unterstreichung des Nationalen und Heldischen diente auch der Arthurstoff in dem während der zweiten Hälfte des 14. Jhs. entstandenen stabreimenden, von dem strophischen völlig verschiedenen (vgl. S. 132 f.) *Morte Arthure* mit 4346 Versen. Der Verfasser verfolgt die Absicht, Arthur an Hand von Quellen nach Chronistenart wahrheitsgemäß darzustellen. Infolgedessen entfällt z. B. auch seine letzte Fahrt zur Feenkönigin. Er stirbt an seiner Wunde und wird in Glastonbury begraben.

Zu der alliterierenden Gruppe gehört auch der um 1370 verfaßte, bedeutendste englische Versroman *Sir Gawayne and the Grene Knight*[24]) mit 2530 Versen. Es wird berichtet, wie ein grün gekleideter Ritter, der sich den Kopf abschlagen läßt, Arthurs Hof zur Erwiderung des Streichs im nächsten Jahr herausfordert; wie Gawain, der die Forderung angenommen hat, unterwegs in einem Schloß drei Tage lang rastet, von der Schloßherrin vergeblich versucht wird, so oft der Gatte auf Jagd ist, diesem bei jedesmaliger Rückkehr jedoch nichts verheimlicht bis auf einen vor dem Tode bewahrenden grünen Gürtel; wie Gawain im Duell mit dem grünen Ritter nur leicht verletzt wird, weil er alle Prüfungen bis auf die letzte überstanden hat, und wie sich schließlich der Schloßherr als der grüne Ritter erweist, der Gawain den Gürtel schenkt, den dieser als Schutz gegen Selbstüberhebung tragen will.

Die Hauptsache ist dem Dichter die Charakterschilderung eines treuen und reinen Ritters, wobei die übertriebenen Wunder zum Träger eines symbolischen Sinnes werden. Alles ist farbig und bewegt bis in Einzelheiten geschildert. Die Dialoge sind meisterhaft, vor allem

[24]) Neueste Ausg. F. Gollancz EETS 210 (1940); Neuenglische Übersetzung: K. Hare, Ldn. 1948; vgl. J. Clark in PhQ 28 (1949), 261 ff.; P. Dowden in MLR 44 (1949), 229.

die ausgedehnten zwischen Gawain und der Schloßherrin.

Was neben oder nach diesen Kunstwerken an alliterierenden Romanen erschien, fällt ihnen gegenüber ab, wenngleich auch sie sicherlich ihr Publikum damals fanden. Der Alexanderstoff reizte die Gruppe der Alliterationsdichter mindestens noch zweimal zur Darstellung (*Alexander A* und *B)* und auch der Trojastoff wurde in der *Gest Hystoriale of the Destruction of Troy* in über 14 000 Stabreimversen nochmals (vgl. S. 117) lebendig abgehandelt. Die einzige überlieferte me. Darstellung vom Schwanenritter ist der *Cheuelere Assigne*, dessen Verfasser den Stoff einer französischen Vorlage in nur 370 Verse gewaltsam und mit derbem Humor gewürzt zusammendrängte.

Kurz nachdem die Mode aufgekommen war, wurde der Stabreim auch für einen aus Liebesgeschichten bestehenden Roman *William of Palerne* herangezogen, was aber seinem Charakter nicht immer angemessen erscheint.

3. Allegorien

Der Dichter von *Sir Gawayne and the Grene Knight* verherrlichte die Treue und Keuschheit im Rahmen des Romans, den er aus überkommenen und beliebten Motiven künstlerisch komponierte (vgl. S. 134). In unaufdringlicher Weise hatte er nicht nur seinen Gestalten und Handlungen, sondern auch der Natur symbolische Bedeutung unterlegt und war dadurch in die unmittelbare Nähe der Allegorie gerückt. Es bedurfte nur eines kleinen Schrittes zu dieser Gattung, die durch die anderen Stücke der gleichen Handschrift (Nero A X), welche den „Grünen Ritter" enthält, vertreten wird. Mit ihnen bereicherte die Gruppe der Alliterationsdichter die me. Literatur nicht nur um eine neue Dichtart, sondern um eines der besten me. literarischen Denkmäler.

a) Religiöse Allegorien

Dies Verdienst gebührt der ersten von drei in der erwähnten Handschrift stehenden religiösen Allegorien: *Pearl* (c. 1370). In zwölfzeiligen, mit Stab- und Endreim versehenen Strophen, die durch Refrain zu je fünf verbunden sind, erzählt der Dichter[25]), wie er eine schöne weiße Perle im Grase verlor, immer wieder vergeblich danach suchte und eines Tages darüber einschlief und träumte.

Er sieht sich in einer anderen klaren und leuchtenden Welt und gelangt zu einem funkelnden Fluß, an dessen jenseitigem Ufer am Fuße eines Kristallberges ein Mädchen in weißem, mit Perlen geschmücktem Kleid und mit einer Krone sitzt, das er gut kennt und mit dem er ins Gespräch kommt. Es berichtet ihm von dem herrlichen Los einer Himmelsbraut, erläutert auf des Dichters Einwand, daß dafür ein zweijähriges irdisches Leben nicht ausreiche, das Gleichnis vom Weinberg, und läßt ihn das himmlische Jerusalem schauen. Beim Versuch, dorthin zu gelangen, erwacht er gestärkt im Glauben.

Von allen Deutungsversuchen hat der einfachste, daß es sich um die Elegie eines Dichters über den Verlust seines zweijährigen Töchterchens handele, die größte Wahrscheinlichkeit. Dabei ist mit Hilfe phantasievoller Schilderungen künstlerisch geschickt in allegorischer Weise die Tugend der Reinheit verherrlicht[26]), ein Thema, das schon früher häufig behandelt wurde (vgl. S. 134) und auch die zweite Allegorie der Pearl-Hs., *Clannesse* (= Reinheit), betrifft.

Hier soll — fern von der Unaufdringlichkeit der „Perle" — mit Hilfe der Geschichten von Luzifers Sturz, der Vertreibung aus dem Paradies, der Sintflut, der Zerstörung Sodoms und Gomorras und der Bestrafung Belsazars, die lebhaft erzählt sind, am Gegensatz aufgezeigt werden, wie unmöglich es für einen Unreinen ist, sich Gott zu nähern.

Die dritte Allegorie der gleichen Handschrift, *Patience*, behandelt in 331 Zeilen das Thema, auch Armut mit Geduld zu tragen und erläutert es an der Geschichte von Jonas und dem Walfisch. In der dramatischen Unterhaltung mit Gott lebt der Geist ae. religiöser Dichtung wieder auf.

---

25) Vgl. E. Wintermute in MLN 64 (1949), 83 f.; C. Chapman. *An Index of Names in ‚Pearl' . . .*, Ithaca N.Y. 1951.

26) Vgl. D. Robertson in MLN 65 (1950), 152 ff.

b) Allegorische soziale Proteste

Diese Art der Allegorie wollte gleichnishaft eine religiöse Überzeugung darlegen. Aber neben denen, die es bei einer Aufforderung zu christlichen Tugenden bewenden ließen, standen andere auf, die nach den Ursachen der Mißstände der Zeit fragten und Antworten in verschiedener Weise gaben, und zwar — ebenfalls indirekt — in Form einer Allegorie. Wiederum waren es Dichter des nördlichen und nordwestlichen Mittellandes, die sich auf ihre englische Nation so stark besonnen hatten, daß sie sich selbst äußerlich dem alten stabreimenden Vers zuwandten. Auch diese Art alliterierender Dichtungen — die Allegorien des sozialen oder moralischen Protestes — setzte um die Mitte des 14. Jhs. ein, weist eine der bedeutendsten Schöpfungen des Mittelalters auf und endete nach etwa zwei Generationen.

Wahrscheinlich 1352 erschien die 503 Zeilen umfassende fragmentarische Vision *Wynnere and Wastoure*[27]), die auf Probleme des Parlaments vom gleichen Jahre hinweist. Ein Spielmann sieht zwei Heere, deren Führer — Gewinner und Verschwender — sich gegenseitig vor dem König anklagen, das Unglück des Reiches verschuldet zu haben. Der Gewinner repräsentiert alle Besitzenden — wozu die Kaufleute, die Juristen, die Bettelorden und der Papst gerechnet werden —, während ein lustiger, verschwenderischer Jüngling den Vergeuder darstellt. Der König (Eduard III.) gibt jedem der Streitenden den Rat, dorthin zu gehen, wo er am meisten geliebt wird.

Ein späterer Traum, betitelt *Parlement of the Thre Ages,* stammt höchstwahrscheinlich von demselben Dichter. Nach einem langen Prolog sieht er drei Männer: den grün angezogenen Jüngling, den grau gekleideten Sechzigjährigen und den Greis in Schwarz. Nachdem die ersten beiden ihre Lebensanschauungen dargelegt haben, schimpft der Hundertjährige sie als närrisch und schildert in mehr als der Hälfte der 665 Zeilen die Erfahrungen der würdigsten und stolzesten Männer der Geschichte, die immer wieder beweisen, daß nichts vor dem Tode bewahre.

---

[27]) Vgl. G. Stillwell in JELH 8 (1941), 241 ff.

Während der Dichter in „Gewinner und Verschwender" die Urheber einiger Mißstände aufdeckt, ohne sich um die Mitte des 14. Jhs. gegen sie auszusprechen, streift er diese in dem späteren „Gespräch der drei Lebensalter" nur und gelangt dann zu einer allgemeinen, nicht auf seine Zeit beschränkten Kritik an der Jugend.

Die Verquickung von der Bloßlegung der schädlichen Ursachen für die Übel der Zeit mit ihrer Verurteilung bringt *The Vision of William concerning Piers the Plowman*, die wichtigste Allegorie dieser Art und gleichzeitig eine der bedeutendsten me. Schöpfungen. Sie liegt in einer ersten Fassung von c. 1370 (mit 2579 Versen)[28]), einer Erweiterung aus den Jahren 1377/79 (zu 7242 Versen)[29]) und einer nochmaligen Bearbeitung (von 7357 Versen)[30]) vor, die 1393 oder 1398 zu datieren ist. Lassen schon diese wahrscheinlich von dem Autor William Langland oder Langlay aus Shropshire (c. 1332 bis 1400) selbst vorgenommenen Redaktionen ein größeres Interesse an dem Werk vermuten, so wird es durch die mehr als 50 überlieferten Handschriften bewiesen[31]).

Im ersten Traum erscheinen dem Dichter im Osten auf einem Berg der Turm der Wahrheit, der Wohnsitz Gottes, in der Ferne das Verlies des Teufels und auf einem weiten Feld dazwischen Arme und Reiche aller Stände. Frau Kirche belehrt den Träumenden, wie er seiner Seele am besten dadurch diene, daß er der Wahrheit folge, Mildtätigkeit übe und die Armen liebe.

Nach kurzer Unterbrechung des Traums sieht der Dichter in einer zweiten Vision auf dem gleichen Felde den Ritter Gewissen Buße predigen. Die Todsünden bekennen ihre Missetaten, werden von Reue ergriffen und wollen zu dem Heiligen Wahrheit pilgern. Niemand weiß jedoch den Weg dahin außer dem Pflüger Peter. Er will sie führen, aber erst, nachdem er seine Feld-

---

[28]) Vgl. J. Bennett in PMLA 58 (1943), 566 ff.; D. Fowler in PMLA 66 (1951), 495 ff. Neueste Ausgabe: Knott-Fowler, Baltimore 1952.

[29]) Vgl. B. Huppé in StPh 38 (1941), 34 ff. und 46 (1945), 6 ff.; A. Gwynn in RESt 19 (1943), 1 ff.; G. Kane in MLR 43 (1948), 1 ff.

[30]) Vgl. A. Mitchell in MLR 36 (1941), 243 f.; T. Donaldson, *Piers Plowman: The C-Text and Its Poet*, Yale Univ. Press. 1949.

[31]) Vgl. J. Grattan in MLR 42 (1947), 1 ff.

arbeit beendet hat. Viele wollen ihm dabei helfen, und Peter weist jedem entsprechende Arbeit an. Dem Ritter aber gebietet er, die Kirche zu schützen und mildtätig gegen die Armen zu sein. Als Wahrheit von der beabsichtigten Pilgerfahrt hört, schickt dieser Heilige einen kurzen Brief, der allen Gutwilligen das ewige Leben, allen Übelwollenden aber das höllische Feuer zuspricht.

Nachdem der zum zweiten Male erwachte Dichter über den Wert päpstlicher Ablässe nachgedacht und ihnen seine Anerkennung versagt hat, versinkt er in einen dritten Traum[32]), der sich mit dem guten, besseren und besten Tun beschäftigt. ‚Do-Wel'[33]) ist der wahrhafte, dem Gewissen folgende Werktätige. ‚Do-Bet (ter)' lebt in der Bruderschaft, fürchtet die Strafe und unterstützt Kranke und Elende. Doch ist auch sein Tun unzureichend, solange das Bemühen fehlt, zu Christus zu gelangen und durch ihn erlöst zu werden. Das versucht ‚Do-Best', der Gott über alles liebt, dem Bischofsstand angehört und den Armen mit allen Schätzen der Geistlichkeit hilft. Die Gründung der christlichen Kirche stelle die Vollendung des Guten auf Erden dar. Gegenwärtig sei von ihr aber kein Heil zu erwarten. Des Dichters Sehnsucht geht zu Peter, der die Züge des Heilands annimmt und später die Christenheit bedeutet.

Die besonders aus dem letzten Teil dieser Allegorie sprechende Absicht: Kritik an der damaligen Kirche, wird durch einzelne Stellen früherer Abschnitte unterstrichen. Der hauptsächlichste Vorwurf zielt auf die Verweltlichung des Klerus. Neben dem Versagen der kranken Kirche sind die übrigen Großen an den Mißständen der Zeit schuld. Eine Besserung kann nur durch Erneuerung einer wahren Christengemeinde und durch pflichtbewußtes Leben und Arbeiten eintreten, wofür Peter der Pflüger als Vorbild dient.

Die künstlerische Hochwertigkeit dieses Werks wird erreicht durch die realistischen Charakterzeichnungen und lebendigen Schilderungen großartiger Szenen (Höllenfahrt, Triumph des Todes, Weltgefilde u. a.),

[32]) Vgl. R. Frank in MLN 66 (1951), 309 ff.
[33]) Vgl. St. Maguire in RESt 25 (1949), 97 ff.

durch die wirksame Satire am Rande oder direkt, sowie durch den tiefen Ernst, der aus dem Ganzen spricht, dem auch die harten alliterierenden Verse dienlich sind.

Es war selbstverständlich, daß dieses verbreitete Kunstwerk Nachahmer fand. Etwa 1394 erschien unter dem Titel *Pierce the Ploughman's Creed* ein Angriff gegen die Bettelorden. — Ähnlich werden die Bettelmönche 1401 in *Jack Upland*, einem Prosastück mit eingestreuten alliterierenden Versen, von Lollarden (vgl. S. 126) angegriffen. — In *Ploughman's Tale* offenbart sich der Gegensatz der römisch Gesinnten und Lollarden. — In dem fragmentarischen alliterierenden Gedicht *Richard the Redeless* von 1399 wird dem gefangenen Richard II. verspätet empfohlen, sich nicht mit jungen, unerfahrenen Ratgebern zu umgeben, deren schlimmste Untugend in der Bedrückung des Volkes lag.

Nachdem sich im vorangehenden Zeitabschnitt das englische Bürgertum wieder gesammelt und dem Fremdländischen gegenüber durchgesetzt hatte, sah eine im Norden und Nordwesten Mittelenglands beheimatete Dichtergruppe es in der zweiten Hälfte des 14. Jhs. als ihre Mission an, endlich das Artfremde zu verbannen und das englische Selbstbewußtsein zu stärken.

Wie die Vielfalt der literarischen Erzeugnisse, die von diesem Dichterkreis stammen, zeigt, war ihr Einfluß auf ganz England beachtlich. Nicht nur bediente er sich bereits vorhandener Gattungen, sondern bereicherte die me. Literatur durch künstlerisch hochwertige Stücke der religiösen und sozialen Allegorie. Das bevorzugte und wirksamste Medium war aber auch jetzt noch der Roman.

Der Stärkung des englischen Nationalbewußtseins diente stofflich in erster Linie die Besinnung auf altheimisches Sagengut, und zwar nicht nur bei den Alliterationsdichtern, sondern auch bei einigen anderen, bei denen die Anprangerung dessen, was dem Aufstieg der Nation hinderlich war, hinzukam. Als Form griff die führende Dichtergruppe den einst von den Vorfahren gepflegten Stabreim wieder auf, wodurch sich deren Dichtungen schon äußerlich deutlich abhoben.

Das religiöse Schrifttum lebte zwar noch stark in der Legende weiter, erfuhr auch durch die Mystiker in der Lyrik eine Belebung, trat aber im ganzen hinter dem weltlichen zurück. Auch das Drama löste sich weiter vom rein Kirchlichen und zeigte Keime für neue, ganz weltliche Formen. Beachtenswert ist das Erwachen einer me. Prosa hauptsächlich von seiten der Mystiker und durch die Bibelübersetzung.

4. John Gower

Gleichsam die Vergangenheit noch einmal zusammenraffend und sie symbolhaft repräsentierend, verfaßte in der zweiten Hälfte des 14. Jhs. John Gower (c. 1330 bis 1408) neben einem größeren englischen Werk seine französisch und lateinisch geschriebenen, die für kleine Kreise bestimmt waren und von denen vor allem zwei Beachtung verdienen.

Die Belebung von Veraltetem wird besonders deutlich in der zwischen 1376 und 1379 französisch geschriebenen moralischen Predigt *Mirour de l'Omme*.

In rd. 30 000 achtsilbigen Versen werden detailliert die sieben Todsünden und ihre Töchter in dauerndem Kampf mit den Tugenden bei allen Gesellschaftsklassen vom Papst und den Kardinälen bis hinunter zum einfachen Handwerker und Arbeiter geschildert.

Dieser „Spiegel des Menschen" mit seinen satirischen Angriffen und erläuternden Geschichten stellt sich würdig in die Reihe ehemaliger ähnlicher Werke (vgl. S. 94 ff.), die die Absicht verfolgten, den Sündern den richtigen Weg zu Gott zu weisen, ist aber, wie gesagt, zu dieser Zeit veraltet.

Das gilt auch vom größten Teil der kurz nach dem Bauernaufstand von 1387 lateinisch geschriebenen Vision *Vox Clamantis* mit 10 000 Versen. Der Autor schaute erschüttert rückwärts auf die sterbende feudale Kultur, der er sich so verpflichtet fühlte.

Sein allegorischer Traum beginnt mit der Schilderung eines ungelenkten Haufens in Tiere verwandelter Menschen, die sich aufgehetzt gegen Troynovant (= London) wälzen. Dann folgt wiederum ein ausführlich gezeichnetes Bild der sündigen Menschen der drei Stände — Geistliche, Ritter und Bauern — mit Satire und Moralpredigt.

Erst im hohen Alter versuchte dieser „moralische Gower", wie er lächelnd von seinem Freunde Chaucer genannt wurde, Zugeständnisse an seine Zeit, die mehr Unterhaltung als Predigt verlangte, zu machen. Unter dem Titel *Confessio Amantis* (1390/93) behandelte er in mehr als 33 000 paarweise reimenden Kurzversen in englischer Sprache das Thema Liebe. Aber auch in diesem Werk ließ er von seinem alten Lieblingsstoff nicht ab. Als der bejahrte Liebende von der Liebesgöttin zur Beichte an ihren Priester Genius verwiesen wird, kommen bei der Überprüfung der Sünden gegen die Liebe wiederum die sieben Todsünden zur Sprache. Und nur zu ihrer Illustration entsteht eine Sammlung von über 100 Geschichten, die den Verfasser als guten, fließenden und klaren, wenn auch humorlosen und undramatischen Erzähler offenbaren, der imstande war, die me. Literatur um beste Stücke zu bereichern und manchmal Chaucer zu übertreffen, mit dem er während des 15. und 16. Jhs. in gleich respektvoller Weise genannt wurde.

Gower hatte noch einmal alte Saiten erklingen lassen und sich meisterhaft der lateinischen, französischen und englischen Sprache bedient[34]). In einer Zeit, in der eine nationale Bewegung alles Fremdartige ablehnte, konnte nur noch das Englische wirklich gedeihen. Von größerer Wirkung blieb deshalb auch bloß die englisch geschriebene „Beichte des Liebenden", von der noch über 40 Handschriften erhalten sind.

Daß in dem Kampf um die englische Sprache die Entscheidung trotz aller Bemühungen der Alliterationsdichter nicht für den Norden, sondern schließlich zugunsten Ostenglands fiel, ist neben diesem Erfolg des kentischen Landedelmanns Gower und neben der wirtschaftlichen Entwicklung Londons der literarischen Bedeutung Chaucers zuzuschreiben, der sich des ‚Königs Englisch' für seine Dichtungen bediente.

---

[34]) Vgl. G. Coffman in ‚Univ. of Colorado Stud.' B II (1945), Nr. 4.

5. Geoffrey Chaucer

Von den über den größten me. Dichter Geoffrey Chaucer (c. 1340—1400)[35]) bekannten Lebensdaten[36]) sind folgende für das Verständnis und die Würdigung seines literarischen Schaffens wichtig: mit siebzehn Jahren war er Page am Hofe der Gräfin von Ulster. In Yorkshire machte er die Bekanntschaft mit Johann v. Gent, seinem lebenslänglichen Gönner und Freunde. Nach der Teilnahme am Feldzug gegen Frankreich wurde er Angehöriger des Hofstaats und heiratete eine der Kammerfrauen der Königin. Von etwa 1370 ab betraute ihn der König mit diplomatischen Missionen, die ihn zweimal auch nach Italien (1372 und 1378) führten[37]). Seit 1374 hatte er das sehr einträgliche Amt des Oberzollaufsehers im Hafen Londons inne. 1385 wurde er zum Friedensrichter und ein Jahr darauf zum Parlamentsmitglied für Kent gewählt, wo er sich niedergelassen hatte. Chaucer stand also mitten im Leben des Hofes, lernte hier und bei seiner praktischen Tätigkeit als oberster Zollbeamter alle Arten von Menschen[38]) genau kennen, kam neben der französischen Dichtung in engen Kontakt mit der italienischen und war meistens so gut situiert, daß er sich der Dichtkunst in Muße hingeben konnte.

Als er damit begann, geschah es natürlicherweise unter dem Einfluß des höfischen, französisch orientierten Stils, für den die englische Sprache noch nicht gebrauchsfertig war. Sie nach ihren bisherigen mannigfachen Verwendungen nun auch schließlich hoffähig zu machen, ergab sich für Chaucer, der seine Werke bei Hofe vorlas, als vordringliche Aufgabe. Er löste sie vor 1369 an der Übersetzung des einflußreichsten französischen Buches des Mittelalters, des *Roman de la Rose*, wobei er die Wortwahl und Redeweise zum Ausdruck höfischer Gedanken und Gefühlsregungen lernte. Seine ersten selbständigen dichterischen Versuche galten galanten Marienversen,

---

[35]) Zusammenstellung des Schrifttums über Chaucer seit 1900: A. Baugh in Sp 26 (1951), 659 ff.; vgl. auch R. Purdy in A 70 (1952), 345 ff.

[36]) Vgl. P. Shelley, *The living Chaucer*, Philadelphia 1940; R. French, *A Chaucer Handbook*, Ldn. 1947²; H. Bennett, *Chaucer and the Fifteenth Century*, Oxf. 1948².

[37]) Vgl. E. Kuhl in MLN 62 (1947), 42 ff.

[38]) Vgl. E. Rickert, *Chaucer's World*, New York 1948.

Rondels und Balladen, bei denen sich Gelegenheiten zu vielerlei Künsteleien boten. Im Stil der französischen allegorischen Schule schrieb er Klagen des *Mars*, der *Venus* u. a. In der angelernten Art höfischer Etikette und Gefühle sowie in traditionell gewordener Traumwelt bewegten sich auch seine ersten Epen.

Der Tod der Gattin seines Gönners Johann v. Gent 1369 war Anlaß, sein *Boke of the Duchesse* zu schreiben. Nach der Lektüre der traurigen Geschichte Ovids von *Ceyx und Halcyone* fällt der Autor in einen Schlaf und träumt[39]), daß er auf einen schwarz gekleideten Ritter trifft, der Fortuna vorwirft, ihm beim Schachspiel[40]) seine Königin genommen zu haben. Darauf erzählt der Dichter, wie der Ritter eines Tages eine schöne, edle, sanfte und gütige Frau traf, sie dazu überredete, sein Herz zu nehmen, und wie beide manches Jahr zu gegenseitigem Segen zusammenlebten.

Trotz Chaucers starker Anlehnung an seine Vorlagen verraten die graziöse Darstellungsweise, der unsentimentale Ton und die biegsame Handhabung des französischen Achtsilber-Reimpaars künstlerische Eigenarten.

Erst zehn Jahre später beschäftigte er sich in dem *Hous of Fame* mit einem anderen, aber nicht beendeten Traum[41]). Der Dichter sieht sich im Venustempel, von dessen Wand er ide Geschichte von Dido und Æneas abliest. Als er ihn verläßt, trägt ihn ein goldglänzender, großer Adler in das auf vergänglichem Grund erbaute Haus der ‚Fama‘ (= Ruhm und Gerücht), wo nach Laune Gunst an die bittenden Menschen verteilt wird.

Auch bei diesem Werk ist Chaucer klassischen Vorlagen weitgehend verpflichtet. Doch ging er über sie durch die Verquickung der erträumten Welt mit anschaulichen Schilderungen aus der Wirklichkeit hinaus, wobei er so oft Betrachtungen über sich und seine Tätigkeit einflicht, daß dieses Werk auch als Allegorie über Chaucers Leben gedeutet worden ist.

Daß es nicht des Künstlers Absicht war, Klassik nachzuahmen, zeigt auch der wohl zu Anfang der 80er Jahre begonnene Versroman *Palamon and Arcite*, der eine in

[39]) Vgl. J. Kreuzer in PMLA 66 (1951), 543 ff.
[40]) Vgl. W. French in MLN 64 (1949), 261 ff.
[41]) Vgl. P. Baum in JELH 8 (1941), 248 ff.

Boccaccios *Teseida* behandelte romantische Geschichte unzertrennlicher Freundschaft zum Thema hat. Realistische Gestalten und Humor kennzeichnen die über seine Vorlage hinausgehende eigene Art.

Diese hebt auch das 1382 entstandene *Parlement of Foules* von seinen Quellen ab. Nach einem im Vergleich zur Hauptgeschichte zu langen Prolog — eine Eigenart, die auch für das „Buch der Herzogin" gilt — knüpft der Dichter an den Volksglauben an, daß sich am St. Valentinstag jeder Vogel sein Weibchen wähle.

Zum ersten Male wurde in dieser Allegorie, die höchstwahrscheinlich die Vermählung Richards II. mit Anna v. Böhmen symbolisieren sollte, für epische Zwecke eine Strophe verwendet, die aus fünfhebigen Versen mit der Reimfolge ab/ab/bcc bestand, bisher nur in der französischen Lyrik üblich gewesen war und später als Chaucer- oder Troilus-Strophe (‚rhyme royal') bekannt ist.

Das *Troilus and Criseyde*-Epos, das vor 1385 mit 8239 Versen beendet wurde, ist das längste der abgeschlossenen Werke und gleichzeitig das künstlerisch beste. In ihm wird Chaucers bisher schon zu beobachtende Eigenart und dichterisches Können augenfällig. Auch hier lag eine italienische Quelle vor: Boccaccios *Filostrato*, der wiederum Benoît v. Sainte Maures *Roman de Troie* (vgl. S. 84) verpflichtet war. Aber der englische Dichter wahrte wie stets seine Selbständigkeit, zog noch andere Schriftsteller heran und formte etwas Neues[42]). Er verschob den Akzent von der Handlung auf die Charakterzeichnung, hob dabei Criseyde und Pandarus, ihren Onkel, heraus und machte beide psychologisch verständlich und lebensecht.

Criseyde, die nach dreijährigem glücklichen Zusammenleben Troilus verlassen muß, um in das griechische Lager zurückzukehren, die beim Abschied ewige Liebe und Treue schwört und dann innerhalb von zehn Tagen dem Griechen Diomedes verfällt, wird als hübsche und geheimnisvolle, noch nicht ausgereifte Frau gezeichnet, deren plötzliche Sinnesänderung nicht aus Schlechtigkeit, sondern aus Schwäche einer Unerfahrenen ent-

[42]) Vgl. C. Schaar in StN 24 (1952), 185 ff.

springt. Der in ihrer weiblichen Natur liegenden Eigenart muß Troilus, der Typ des idealen Helden und ritterlich Liebenden, zum Opfer fallen. Auch Pandarus ist der ritterlichen Welt entwachsen und lebt hilfsbereit, geschäftig, schlagfertig und klug in der bürgerlichen.

Die ernst-vornehme Grundstimmung bei Boccaccio und dessen pathetisch-sentimentale Darstellung ersetzte Chaucer durch psychologisch überzeugende, wirklichkeitsnahe Schilderungen, die einen welterfahrenen Bürger nicht nur alles begreifen, sondern auch lächelnd verzeihen hieß. Troilus selbst schaut zum Schluß vom Himmel auf die winzigen Menschen mit ihren Leidenschaften herab.

Chaucers Abwendung von der höfischen Geisteshaltung und seine Sympathie für eine neue, dem lebendigen Menschen gerecht werdende Welt war so betont, daß er Ärgernis bei Hofe erregte und als Wiedergutmachung eine Abhandlung über das Lob weiblicher Liebe nahegelegt bekam. Infolgedessen begann er 1385 seine *Legende of Goode Wimmen*[43]), die unvollendet blieb, als Sühne, wie ausdrücklich im Prolog — der wiederum die Form einer Vision angenommen hat — betont ist. Erzählt werden die zehn klassischen, weibliche Treue verherrlichenden Legenden über Cleopatra, Thisbe, Dido, Hypsipyle und Medea, Lucretia, Ariadne, Philomela, Phyllis und z. T. über Hypermnestra, und zwar unter Außerachtlassung mancher konventionellen heroischen Züge und Einbeziehung zeitgenössischen Alltagslebens.

Bemerkenswert ist die Einführung eines neuen Versmaßes. Chaucer band die jambischen Fünfheber nicht mehr wie in der Troilus-Strophe (vgl. S. 145), sondern paarweise. Diese sog. ‚heroischen Reimpaare' wurden von dann ab in der Epik herrschend, wozu weniger diese Legenden, als vielmehr des Dichters berühmtestes Werk beitrug:

Die *Canterbury Tales*[44]). Bei ihnen handelt es sich um eine groß geplante, wahrscheinlich zwischen 1385 und 1386 begonnene[45]) und nur z. T. durchgeführte Sammlung von Geschichten mit der Absicht, das damalige

[43]) Vgl. M. Wickert in A 69 (1950), 89 ff.

[44]) Vgl. G. Dempster in PMLA 63 (1948), 456 ff.; W. Lawrence, *Chaucer and the Canterbury Tales*, New York 1950.

[45]) Vgl. M. Galway in MLR 36 (1941), 1 ff.

Leben in seiner ganzen Fülle wirklichkeitsgetreu darzustellen[46]). Zu diesem Zweck wird schon im Prolog[47]) eine einführende Beschreibung der Erzähler gegeben, die sich als Pilger[48]) zusammengefunden haben, um von London nach Canterbury zu reisen und die verabreden, sich zum Zeitvertreib Geschichten zu erzählen. Der Illustrierung der verschiedenen Charaktere dienen auch die geschickt zwischendurch angedeuteten Verhaltungsweisen und Randbemerkungen sowie Streitigkeiten und Kritiken unterwegs. Das beste Bild geben sich die einzelnen jedoch durch ihre ,Tales' selbst, die eine ganze Anthologie der mittelalterlichen Literatur ausmachen, wobei die Gattung dem Erzähler angepaßt ist: den höfischen Roman liefert der Ritter[49]), die Heiligenlegende die zweite Nonne, das Marienmirakel die Priorin[50]), die Prosapredigt der Pfarrer, das Arthurmärchen die Frau aus Bath, Bußtragödien der Mönch[51]), ,Exempla' der Ablaßkrämer[52]), die derben Schwänke oder ,Fabliaux' der Müller, Koch und Seemann[53]), die Versromanparodie Chaucer selbst als Sir Thopas[54]) usw. Nicht immer tritt die Charakterisierung von den drei erwähnten Seiten her klar zutage, weil der Dichter starb (1400), bevor er dies Werk vollenden konnte. Verschiedentlich wurden infolgedessen auch Unstimmigkeiten und Widersprüche nicht mehr beseitigt; zum großen Teil steht nicht einmal die beabsichtigte Reihenfolge[55]) der Erzählungen fest.

Trotzdem bedeuten die *Canterbury Tales* zusammen mit *Troilus and Criseyde* einen Wendepunkt in der

---

[46]) Vgl. W. Bryan, *Sources and Analogues of Chaucer's Canterbury Tales*, Chicago 1941.

[47]) Vgl. J. Cunningham in MPh 49 (1952), 172 ff.

[48]) Vgl. J. Hulbert in StPh 45 (1948), 565 ff. und in PMLA 64 (1949), 823 ff.

[49]) Vgl. A. Marckwardt in ,Univ. of Michigan Contributions in Mod. Phil.', 1947; W. Frost in RESt 25 (1949), 289 ff.

[50]) Vgl. A. Sherbo in PMLA 64 (1949), 236 ff.

[51]) Vgl. D. Johnson in PMLA 66 (1951), 827 ff.

[52]) Vgl. A. Kellogg in PMLA 66 (1951), 251 ff.; H. Woolf in MLN 66 (1951), 267 ff.; Th. Kirby in MLN 66 (1951), 269 ff.; J. Smart in N 36 (1952), 45 ff.

[53]) Vgl. M. Stobia in PMLA 64 (1949), 565 ff.

[54]) Vgl. R. Lumiansky in PhQ 26 (1947), 313 ff.

[55]) Vgl. G. Dempster in PMLA 64 (1949), 1123 ff.; Ch. Owen in PMLA 66 (1951), 820 ff.; R. Pratt in PMLA 66 (1951), 1141 ff.

Literaturgeschichte. In ihnen stellte ein der Wirklichkeit zugewandter, toleranter, gutmütiger und meist humorvoller Dichter — der zu gegebener Zeit selbst ernst und pathetisch, wenn auch nicht heroisch und erhaben sein konnte — Einzelmenschen dar, die gelockert oder gelöst von bisherigen mittelalterlichen Verbänden eigene Werte verkörperten.

Die literarische Gesamtwertung des größten me. Dichters ergibt sich am deutlichsten aus einem Vergleich seiner Verdienste mit dem bis zu ihm Üblichen.

Gegenüber der Hinwendung zur Wirklichkeit um ihrer selbst willen bei Chaucer führt das Gros der me. Literatur von ihr fort, entweder zum Jenseits oder in sagenhafte Ferne oder auch ins Traumland. Dort, wo das Irdische geschildert wird, geschah es mehr oder weniger zur Illustrierung anderer Ziele der Dichtung. Wenn aber einmal, wie in der sozialen Lyrik, die Wirklichkeit als Vorlage diente, dann wurden die düsteren und sorgenvollen Seiten herausgegriffen.

Für den bei Chaucer hervortretenden Humor war weder hier noch in den sonstigen literarischen Denkmälern Platz. Wohl zeigt sich manchmal eine heitere Note, hin und wieder belustigen auch Scherze, Spielereien oder komische Situationen, aber im großen und ganzen ist die me. Literatur ernst.

Chaucers wohlwollendes Verstehen hebt sich kraß ab von der sonst vorherrschenden Intoleranz, die nicht nur die religiösen Werke einseitiger Richtungen, sondern auch das ganze kirchliche und große Teile des weltlichen Schrifttums charakterisiert, zweifellos als Folge des schon bei den Angelsachsen ausgeprägten didaktischen Zuges, der stets nur zu einer bestimmten Seite hin belehren und erziehen will.

Und schließlich ragt Chaucers Stärke in der Schilderung von Einzelmenschen aus der Masse der im Mittelalter üblicherweise gezeichneten Typen heraus. Unermüdlich wurde von der Kirche — wenn auch mit wechselnden Mitteln — das Muster des rechtschaffenen, frommen, gottgefälligen Menschen oder des reuigen oder unverbesserlichen Sünders geschildert. Und die weltlichen Dichter setzten dem Bürger die gewünschten Romanhelden mit den typischen Eigenschaften und Abenteuern, den gleichen farblosen, treuen Geliebten und den laufend wiederkehrenden Situationen vor. Das Individuelle blieb in den Dichtwerken genau so verborgen wie deren Autoren.

5. Kapitel

DAS JAHRHUNDERT DER SOZIALEN UMSCHICHTUNG (15. Jh.)

Wenngleich Chaucer aus dem richtigen Gefühl für das Wesen des Individuums das Tor zu einer neuen Zeit aufgestoßen hatte, fehlte es nach seinem Tode (1400) lange an Dichtern, die mit ähnlicher Instinktsicherheit die einmal geöffnete Pforte durchschritten. Die Masse des aus dem 15. Jh. überkommenen Schriftgutes mutet im Vergleich mit Chaucer sogar als rückständig an. Doch sind daneben mancherlei neue Töne unverkennbar, denen vom geistesgeschichtlichen Standpunkt aus besondere Bedeutung beizumessen ist, da sie literarisch die tiefe Umschichtung der englischen Gesellschaft (vgl. S. 89 f.) ebenso widerspiegeln wie die geradezu revolutionierenden Veränderungen der Sprache[1]).

So zeichnen sich neben der in allen Jahrhunderten vorhandenen volkstümlichen Dichtung bis weit ins 15. Jh. hinein deutlich zwei ganz unterschiedliche literarische Interessenkreise ab.

A. Die konventionelle Hofdichtung

In der umfangreichen weltlichen Literatur stehen neben solchen Werken, die denen Chaucers so ähnlich sind, daß sie ihm z. T. zugeschrieben wurden — z. B. *The Boke of Cupide* (c. 1403), *La Belle Dame sans Merci*

---

[1]) Das Verstummen des schwachtonigen End-e und die beginnende Verschiebung des me. Vokalsystems setzen eine seit Jahrhunderten nicht mehr gekannte Veränderung der redenden Menschen voraus, deren stets größer werdendem gebildeten Teil zudem das Streben nach einer allgemeinverständlichen Gemeinsprache eigen war, für die der von Chaucer verwendete Londoner Dialekt (vgl. S. 142) richtunggebend wurde und an dessen Festigung und Verbreitung William Caxton (c. 1422—91) durch die Einführung der Buchdruckerkunst in England ab 1477 einen wesentlichen Anteil hatte (vgl. S. 158).

(c. 1460), *L'Assemblé de Dames* und *The Flower and the Leaf* (2. Hälfte 15. Jh.) —, vor allem die Dichtungen derer, die sich offen als Schüler Chaucers ausgaben.

Der fruchtbarste war John Lydgate[2]) (c. 1370—1449/50), der schon als Knabe ins Kloster Bury St. Edmunds trat und fern von der Welt rd. 145 000 Verse schrieb. Zu seinen ersten Allegorien gehören *Temple of Glas* (zw. 1400 u. 1403), die Klage zweier Liebenden und ihre Vereinigung durch Venus, und sein Lob auf die Keuschheit *Resoun and Sensuallyte* (c. 1408). Acht Jahre arbeitete er an seinem über 30 000 Verse zählenden Trojabuch *The Hystorye Sege and Dystruccyon of Troye* (1412—20), mit dem er wie mit *Storie of Thebes* (c. 1421) und *Guy of Warwick* (zw. 1423 u. 1426) die Gattung der Versromane fortsetzte (vgl. 4. Kap. D 2). Durch die Bearbeitung des französischen Totentanzes, *Dance Macabre* (zw. 1426 u. 1430), führte er ein neues Thema in England ein. Sein längstes Werk mit 36 365 Versen, *Fall of Princes* (1431—38) wollte erstmalig ohne christlich-ritterliche Umdeutung von den Großen von Adam bis zur Gefangennahme des Königs Johann bei Poitiers (1346) die Unbeständigkeit des Glücks aufzeigen. In altem Stil schrieb er noch Legenden[3]) (u. a. *St. Margaret, St. Edmund, St. Fremund*), Tierfabeln, Lehrgedichte und lyrische Stücke.

Sein Zeitgenosse Thomas (H)Occleve (c. 1369 — c. 1450), der 24 Jahre lang im Geheimsiegelamt tätig war und mitten im bewegten Londoner Leben stand, beteiligte sich — allerdings weniger intensiv — an den gleichen hergebrachten Themen. Außer etwa einem Dutzend lyrischer Marien- und Jesuslieder, ebensovielen balladenähnlichen Ergebenheitsbeteuerungen, ein paar Nacherzählungen aus den *Gesta Romanorum* (*Jereslaus' Wife, The Tale of Jonathas*) und zwei Übersetzungen (*The Letter of Cupid, Learn to Die*), sind vor allem die Klage über seine Jugendsünden, *La Male Regle* (c. 1406), und das 5463 Zeilen umfassende Hauptwerk *Regement of Princes* (1412), Ratschläge für das Leben und die Regierung des künftigen Heinrichs V., zu nennen.

---

[2]) Vgl. W. Schirmer, *John Lydgate; Ein Kulturbild aus dem 15. Jahrhundert*, Tübg. 1952.

[3]) Vgl. H. Quistorp, *Studien zu Lydgates Heiligenlegenden*, Diss. Bonn 1951.

Bei dem Streben, es Chaucer gleichzutun, gelang es Lydgate, (H)Occleve und einigen anderen[4]) wohl, unter Verwendung des ,rhyme royal' (vgl. S. 145) in alten Formen gleiche oder ähnliche Themen abzuhandeln. Sie übernahmen weitgehend die Allegorie und die Traumvision als Rahmen für ihre moralisierenden und didaktischen Absichten und stellten Prologe voran, die teilweise zur Entschuldigung für dichterische Unzulänglichkeiten oder zur Bitte um Geld benutzt wurden[5]). Ein häufiges Kunstmittel blieb die Personifikation. Der Wald der Weisheit und der Garten des Vergnügens, die Tempel aus Gold und Glas, Göttinnen, Liebeshöfe und -testamente, Versammlungen der Damen spielten neben dem, was sonst das Höfische kennzeichnete, eine wichtige Rolle. Zu einer Überwindung des Konventionellen wie bei Chaucer kam es bei denen, die sich seine Schüler nannten, aber nicht.

Als einer der Gründe dafür ist die Tatsache anzusehen, daß ihre Werke im Auftrage des Hofes oder adliger Gönner verfaßt wurden. Aus dem Bemühen — auch um ihrer Existenz willen —, den Wünschen dieser höfischen Kreise zu entsprechen, blieben sie „Hofdichter"[6]).

B. Die volkstümlichen Dichtungen

Gegenüber der zwar umfangreichen, aber nur für wenige bestimmte Hofdichtung sind für die zur Führung gelangenden Bürgerlichen andere literarische Gattungen bezeichnend und verdienen wegen zahlreicher vom Mittelalter fortführender Züge besondere Aufmerksamkeit (vgl. Abschn. C). Dasselbe gilt auch für die volkstümliche Dichtung, in der während des 15. Jhs. verschiedene neue literarische Gattungen zur Blüte gelangten.

---

[4]) Durch traditionelle Legendendichtung traten vor allem noch Osbern Bokenham (c. 1392 bis c. 1447) mit *Legendys of Hooly Wummen* (c. 1445) und John Capgrave (1393—1464) mit *Life of St. Katherine* hervor.

[5]) Zu den interessantesten gehört der Prolog zur *Storie of Thebes*, in dem Lydgate angibt, sich zu den Canterbury-Pilgern gesellt zu haben.

[6]) Auch Schottland, das sich nach der Schlacht bei Bannockburn (1340) von England trennte, hatte im 15. Jh. seine eigene Hofdichtung, unter der *The Kingis Quair* (c. 1423) von James I. sowie *The Testament of Cresseld* und die *Morall Fabillir of Esope* von Robert Henryson (c. 1425—1506) am erwähnenswertesten sind.

1. Die Lyrik

Selbstverständlich hatten die emporsteigenden, gebildeten Bürgerlichen ebenso wie die breiten Schichten eine volkstümliche Lyrik. Von den Gedichten, die alltägliche Freuden, Befürchtungen, Nöte und Sorgen zum Gegenstand haben, unter denen *London Lickpenny*, die Darstellung der Erfahrungen eines armen Bürgers mit Juristen, herausragt, hebt sich die beträchtliche Zahl der Liebeslieder ab, wobei die Grenze zwischen irdischer und himmlischer Liebe oft schwer zu ziehen ist. Im ganzen gesehen besitzt diese Volkslyrik wohl nicht die Frische wie das einstige *Lenten ys come* (vgl. S. 111), variiert aber mehr in der Form und ist im Versmaß abwechslungsreicher als die frühere.

Als Sonderart der volkstümlichen Dichtung traten im 15. Jh. die ‚Carols' hervor, d. h. kurze Gesänge, deren Strophen meistens aus drei Versen gleichen Reimes und einem Refrain (aaaR) bestanden, also für einen Vorsänger und einen Chor bestimmt waren[7]). In den über 400 überlieferten[8]) wurden hauptsächlich die Winter- oder Sommerfeste besungen. Neben vereinzelten politischen ‚Carols' stehen solche, die zum Trinken und Essen auffordern (z. B. *Tapster fille another ale*), und ferner Stechpalm- und Efeulieder, in denen altes Volksgut lebendig wurde *(The most worthie she is in towne; Here comes Holly, that is so gent)*. In naiven und heiteren weltlich-frommen Tönen berichten geistliche ‚Carols' von Maria *(I syng of a mayden, that is makeles; Mary is a lady bright)*, ihrer Verkündigung *(Ecce ancilla domini; This flour is faire and fresche of heue)* oder von der Hirtenanbetung *(Hail comly and clene; The shepard upon a hill he satt)* und vom Christkind in der Wiege *(This babe to us is born; A litel childe there is ibore; When Crist was born of Mary free)*.

2. Die Balladen

Neben den ‚Carols' lebte im ausgehenden Mittelalter die seit dem 13. Jh. bezeugte volkstümliche Dichtgattung der Balladen sehr stark auf. Auch bei diesen handelt

[7]) Über die Entwicklung der ‚Carols' vgl. E. Chambers, *English Literature at the Close of the Middle Ages*, Oxf. 1947², Chapt. 2.

[8]) Vgl. R. Greene, *The Early English Carols*, Ldn. 1935.

es sich um strophische Gedichte, die wahrscheinlich ursprünglich im Wechsel zwischen Vorsänger und Chor vorgetragen — vermutlich auch noch von Tanz begleitet — worden waren. Während der mündlichen Weitergabe durch die Jahrhunderte wechselten die Volksballaden vom chorisch-dramatischen Charakter zum epischen und änderten sich auch inhaltlich so, daß sie schließlich — z. T. erst im 19. Jh. — nur „zersungen" in mehreren Fassungen mit künstlerisch sehr ungleichen Strophen und Versen aufgezeichnet werden konnten. Welche von den bisher rd. 325 gesammelten englisch-schottischen Balladen mit ihren etwa 1300 Versionen[9]) im 15. Jh. entstanden oder besonders häufig vorgetragen wurden, läßt sich in vielen Fällen nicht sagen.

Die meisten überlieferten Volksballaden sind erzählender Art und behandeln im allgemeinen sehr knapp einfache, vom Volk leicht verständliche Themen. Häufig spielt das Übernatürliche die Hauptrolle: In *The Wife of Usher's Well* kehren drei verstorbene Brüder für eine Nacht zur Mutter zurück; in *Thomas Rymer* wird der gleichnamige Ritter von der Elbenkönigin auf weißem Roß in ihr Reich entführt; *Tam Lim* kann durch seine Geliebte aus dem Feenland entrinnen. Zahlreicher sind die Schilderungen menschlicher Leidenschaften: *Edward* wird von der Mutter zum Vatermord angestiftet; in *Prince Robert* vergiftet die Mutter den Sohn; in *Twa Sisters* stößt die ältere Schwester ihre jüngere aus Eifersucht und Haß ins Wasser. Weiter Raum ist auch dem Liebesthema, und zwar meistens mit tragischem Ausgang, gegeben. Eine lange Reihe von Balladen besingt historische Ereignisse: *Durham Field* knüpfte an die Schlacht von 1346 an, *The Battle of Otterburn* an die von 1388, *The Battle of Harlaw* an die von 1411, *King Henry the Fifth's Conquest in France* an Heinrichs V. (1413—22) Siege. In den sog. ‚border ballads' sind die historischen englisch-schottischen Grenzkämpfe nur noch Hintergrund für die Darstellung heldischen Geistes (*The Hunting of the Cheviot, Jamie Telfer, Captain Car* u.a.).

[9]) Die größte Sammlung von *English and Scottish Popular Ballads* ist die von F. Child, 5 Bde., Boston 1882—98. Die neueste Arbeit über *The Folktale* stellt die von St. Thomson, 1946, dar. Vgl. auch das sehr instruktive Kapitel über die alten Balladen in W. Hübner, a. a. O., 43 ff.

Etwa 40 Balladen berichten von Robin Hood und seinen fröhlichen Begleitern. Als „Geächtete" scheinen sie bei den Armen, die an der von den Bedrückern stammenden Beute ihren Anteil hatten, bereits im 14. Jh. von großem Interesse gewesen zu sein. Besonderer Beliebtheit erfreuten sie sich dann wohl im 15. Jh. (*Robin Hood and the Monk, Robin Hood and the Potter, Robin Hood and Guy of Gisborne* u. a. m.), bis gegen dessen Ende eine Anzahl Episoden zu einem kleinen Epos — *A Gest of Robin Hode* — zusammengeschmolzen wurden. Gewiß entsprach die anti-ritterliche Haltung Robin Hoods und seiner im Bogenschießen so tüchtigen Anhänger der des aufsteigenden Bürgertums gerade zu einer Zeit, wo selbst der absinkende Adel während seiner Kämpfe zahlreiche Beispiele gesetzwidriger Handlungen lieferte.

3. Das Drama

Zur volkstümlichen Lyrik und zu den Volksballaden kam noch das Drama als die von breiten Schichten am meisten gepflegte literarische Gattung. Nachdem es bereits Mitte des 14. Jhs. aus der Obhut der internationalen Kirche in die Hände der Zünfte übergegangen war, bildeten sich schnell zahlreiche Misterien heraus, die schon bis zum Ende des 14. Jhs. zu Zyklen vereinigt wurden (vgl. S. 128). Diese stellten auch im 15. Jh. einen wichtigen Teil des Repertoires von Laienschauspielern und auch von sich bildenden Gruppen von Berufsschauspielern dar. Bemerkenswert ist eine vertiefte Auffassung wie sie z. B. in einer Szene von *Abraham und Isaak* (c. 1450) durch die Hingabe Isaaks an sein Schicksal oder im sog. *Bodley Burial and Resurrection* (c. 1450) durch die Darstellung der seelischen Empfindungen zutage tritt.

Als typisch für das 15. Jh. entwickelten sich neben den Misterien, die biblischen Texten ganz verpflichtet waren, die dichterisch frei gestalteten, schon im *Ludus Coventriae* vorgezeichneten ‚Moralitäten' (vgl. S. 128). Aus einem erwachenden psychologischen Interesse wurde das Geschehen in der menschlichen Seele durch allegorische Darstellungen begreiflich zu machen versucht. Die Träger der Handlung waren vorwiegend verkörperte Abstrakta. Gute und böse Mächte rangen um den Menschen. Das Wort wurde wichtiger als die Handlung und das Bühnenbild.

Das erste von Bedeutung ist das 3650 Zeilen umfassende *Castle of Perseverance* (c. 1405). Hier ringen von fünf Punkten aus Gott, Welt, Fleisch, Begehrlichkeit und Teufel um die in der Mitte der Bühne — dem Haus der Beharrlichkeit — liegende Menschheit.

Gleichfalls aus dem Anfang des 15. Jhs. stammt das Bruchstück *Pride of Life*. Es stellt die Demütigung des Menschen durch eine Königin, einen Bischof und den Tod, sowie den Kampf zwischen Gott und Teufel um den Gedemütigten dar.

Weniger dramatisch ist *Mind, Will and Understanding* (1460), in der Hauptsache ein Dialog zwischen Seele und göttlicher Weisheit. Dagegen stellt *Mankynde* (c. 1475) mit den lebendigen Szenen, in denen die Verführer Nichtsnutz, Neumode, Heutzutage und der Teufel — manchmal mit starker Komik — auftreten, einen dramatischen Fortschritt dar. Immer ist das Thema die Versuchung, der Kampf, die zeitweilige Niederlage und die Rettung der einzelnen durch Gott.

C. Die Literatur der neuen Gebildeten

Charakteristischer als die Hofdichtung und die volkstümliche Literatur sind spätestens von der Mitte des 15. Jhs. ab die von den neuen kulturtragenden Schichten gepflegten literarischen Gattungen. Mit dem wachsenden Gefühl der Verantwortung für die Nation lief das Bildungsbedürfnis parallel. In demselben Maße wie die neue Führungsschicht mit ihrem Verlangen nach weiterer Bildung hochkam, war zu deren Befriedigung auch eine neue, nicht mehr von adligen Patronen abhängige Art von Schriftstellern und Dichtern da.

1. Belehrende und politische Dichtung

Von solchen meist beruflich tätigen Gelegenheitsdichtern stammt eine Anzahl belehrender Stücke, wie Anweisungen für die Eltern zur Erziehung der Kinder — z. B. *How the Wise Man taught his Son* (c. 1430);

Instructions to his Son (1445/50) — oder zum richtigen Benehmen junger Leute — *Urbanitatis; The ABC of Aristotle* u. a. — oder Ratschläge für die Berufsausbildung — z. B. *Boke of Nurture* (c. 1440); *Boke of Curtasye* (c. 1450). Alle diese z. T. recht langen Informationen waren in Versen geschrieben genau wie die, die sich mit kirchlichen, sozialen oder politischen Fragen beschäftigten: auf einen 1401 verfaßten Angriff gegen die Bettelmönche (*Jack Upland*, vgl. S.140) folgte eine ebenso scharfe Antwort in der *Reply of Friar Daw Topias*. Die Bettelmönche oder Lollarden waren danach wiederholt Gegenstand von Gedichten[10]). Andere nahmen — ähnlich wie im 14. Jh. (vgl. S. 112f.) — die Höflinge und ihren Luxus aufs Korn[11]). Mit der Thronbesteigung Heinrichs V. (1413) begannen die außenpolitischen Erfolge ihren Widerhall zu finden. In mehreren Balladen wurden der Sieg bei Azincourt[12]), die Belagerung Harfleurs, die Siegesfeier in London und die Niederlage der Flamen bei Calais besungen[13]). Aus dem Bewußtsein des Bürgertums, daß die See- und Handelspolitik eine ganz England betreffende Angelegenheit sei, entstanden die beiden Gedichte *The Libell of Englische Policye* (c. 1436)[14]) und *On Englands Commercial Policy*[15]), die wegen ihrer Forderung, Dover und Calais als die beiden Augen zur offenen See hin zu besitzen und eine Flotte zu unterhalten, zum ersten Mal imperialistischen Geist ausdrücken. Während der Erfolge Frankreichs suchten andere Balladen die englische Regierung zur Weiterführung des Krieges zu ermuntern[16]), und in Satiren wurde der Herzog von Suffolk als der an den Niederlagen Schuldige angegriffen und bedroht[17]). Zur Zeit der Rosenkriege entstanden nur wenige Gedichte, die zu ihnen Stellung nahmen — für das Haus Lancaster z. B. *The Ship of State*, für die Yorkisten *The Rose of Rouen* (1461)[18]) und *A Political Retrospect*[19]) — neben Balladen, die die Aussicht auf baldigen Frieden[20]) oder innere Ordnung[21]) zum Thema

[10]) T. Wright, a.a.O. (1859), II, 249, 243.
[11]) Ebd. II, 251, 252.
[12]) Ebd. II, 123.
[13]) Ebd. II, 148, 151.
[14]) Ebd. II, 157.
[15]) Ebd. II, 282.
[16]) Ebd. II, 221.
[17]) Ebd. II, 224, 231.
[18]) Archaeologia XXIX (1842), 343 ff.
[19]) Wright (1859) II, 267.
[20]) Ebd. II, 254.
[21]) Ebd. II, 258.

haben. Am Ausgang des 15. Jhs. begrüßte *The Rose of England* schließlich eine neue Zeit:

Wenn auch der Rosenbaum in einem schönen Garten von einem wilden Eber umgerissen wird, so bleibt doch ein Rosensproß (= Henry Tudor) erhalten und siegt mit Hilfe des Adlers (= Stanley).

2. Unterhaltungsliteratur (Romane)

Das bei den immer zahlreicher werdenden lesekundigen Bürgern neben dem Streben nach Belehrung vorhandene Verlangen nach Unterhaltungslektüre versuchte man bis ins 16. Jh. hinein, in Ermangelung anderer, durch Ritterromane zu stillen. Obgleich sie eine den Bürgern fremde Welt widerspiegelten, wurden sie von diesen gelesen, weil ihr Wohlstand ihnen den Kauf der kostspieligen Manuskripte — oder Bücher von 1477 ab (vgl. S. 158) — gestattete und wahrscheinlich auch, weil sie als Gegengewicht zur unbefriedigenden, gährenden Wirklichkeit gelten konnten.

Besonders altmodisch muten die längeren Versromane an, wie etwa *Torrent of Portyngale, Sir Triamour* und *The Erle of Toulous*, die dasselbe Motiv der unschuldig verleumdeten Frau behandeln und sich stellenweise wegen der z. T. recht äußerlichen Zusammenstellung von Einzelheiten aus früheren Romanen gleichen. Vor allem scheint der *Sqyr of Lowe Degre* (c. 1450) durch die Vereinigung fremdländischen Geschehens mit gruseligem Ausgang dem Geschmack gut nachgekommen zu sein.

Neben diesen und ähnlichen standen zahlreiche kürzere, fabliauartige Romane, von denen sich mehrere um Gawain gruppieren. In *The Jeaste of Syr Gawayne* gerät dieser Ritter wegen eines Liebesabenteuers mit drei Brüdern in Streit. In *The Weddynge of Sir Gawen* heiratet er ein häßliches Weib und wird durch dessen Verwandlung in ein schönes Mädchen belohnt. *Sir Cleges*, in dem die Geschichte vom Wunder des zu Weihnachten Früchte tragenden Kirschbaums dargestellt wird, *King Edward and the Shepherd* mit der Gegenüberstellung von König und Bauer, die Freundschaft zwischen *Eger and Grime*, die aus lauter alten Motiven zusammengesetzte Geschichte von *Roswall and Lillian* u. a. entsprachen noch mehr dem Volkston.

Es lag in dem für das 15. Jh. charakteristischen Aufblühen der Prosa begründet (vgl. S. 159), daß auch in ihren Bereich immer mehr die bisher allein für die Versromane typischen Stoffe einbezogen wurden. So entstand wahrscheinlich als erster Prosaroman der in der Thornton-Hs. (1430—40) überlieferte *Alexander*, dem etwa von der Mitte des Jahrhunderts ab *Pontus and Sidone, Merlin, The Sege of Troy, The Sege of Thebes, Ipomedon, Apollonius,* u. a. folgten.

Ihren Höhepunkt erreichte diese Romanart 1469 in Thomas Malorys († 1471) *Morte Darthur*[22]), dem letzten Versuch, ein englisches Nationalepos zu schreiben, und zwar in Prosa. Aus dem Gefängnis heraus, in dem der Autor aus politischen Gründen die letzten zwanzig Jahre seines Lebens verbringen mußte, wollte er seiner unsteten Zeit der Rosenkriege (1455—85) als Ideal die Welt Arthurs hinstellen, wobei ihm dieser als vollkommener englischer König und dessen Regierung als Verkörperung nationaler Größe erschienen.

Obgleich auch Malory, der selbst dem Adel angehörte, sehnsüchtig auf die versunkene Welt des Ritters zurückschaute, war er ebensowenig wie die anderen Verfasser der noch immer gelesenen Unterhaltungsromane dieser Art imstande gewesen, wahres Rittertum im 15. Jh. zu verlebendigen. Er stellt zwar viele Heldentaten heraus, es fehlt aber die heroische Gesinnung, und immer wieder schleichen sich bürgerliche Züge ein, wodurch auch dieses Werk trotz des alten Stoffes vom Mittelalter abrückte.

Um die Wiedererweckung des ritterlichen Geistes bemühte sich schließlich noch William Caxton (c. 1422—91), und zwar als Übersetzer zahlreicher französischer Romane und hauptsächlich als Drucker[23]) dieser und vieler englischer Prosaromane, unter denen sich 1485 auch der von Malory befand. Wie wiederholt in den Vorworten

[22]) Neueste Ausgabe: *The Works of Sir Thomas Malory*, ed. Vinaver, 3 Bde., Oxf. 1947.

[23]) Während Caxton durch die von ihm gedruckten Bücher das Mittelalter zu beleben versuchte, schuf er durch seine 1477 in England eingeführte Kunst des Buchdrucks auch seinem Lande das Instrument, das sich wegen der Möglichkeit, schnell und in weite Kreise hinein neue Gedanken zu verbreiten, als notwendige Voraussetzung für die folgenden Abschnitte der Geistesgeschichte erwies.

dazu betont wird, sollten sie als Muster für gute Sitten in einer so aufrührerischen Zeit gelten.

3. Die vordringende Prosa

Mag die Entwicklung vom Vers- zum Prosaroman auch eine Abwertung der einst blühenden höfischen Literaturstoffe bedeuten, so veranschaulicht sie doch gleichzeitig die Bedeutungszunahme der Prosa, die jetzt selbst diese Materie in ihren Bereich zog, nachdem sie bis zum 15. Jh. — von wenigen Ausnahmen abgesehen — nur für religiöse Zwecke verwandt worden war.

Diese durch Wyclif, die Lollarden und die Mystiker geschaffene Tradition religiöser Prosa (vgl. S. 126) wurde, wie erwartet werden konnte, durch zahlreiche Stücke fortgesetzt. Zu den bedeutendsten gehört *The Chastising of God's Children* (1415), wo die Anachoretinnenregel (vgl. S. 97) wieder zur Geltung kommt, *Mirrour of the Blessed Lyf of Jesu Crist,* die mindestens dreimal ins Englische übertragene *Gesta Romanorum,* die noch populäreren Heiligenlegenden der *Golden Legend* (c. 1438)[24]) und das *Alphabet of Tales,* das wie Mirks *Festial* (vgl. S. 126) die für die Predigten benötigten ‚Exempla' bot.

Gegenüber der traditionellen, religiöse Themen gestaltenden Prosa und den Versuchen, sie in den Dienst alter höfischer Stoffe zu stellen, steht das viel intensivere Bemühen, sie den neuen zeitgenössischen Zielen, die auch in belehrenden und politischen Versen (vgl. S. 155 f.) kräftigen Ausdruck fanden, nutzbar zu machen. Sie entwickelten sich an den vom aufsteigenden Bürgertum begehrten neuen informatorischen Inhalten in vielfältiger, für das 15. Jh. besonders charakteristischer Weise.

Die schlichteste Art neuer englischer Prosa begann um die Jahrhundertwende mit einfachsten Mitteilungen aus dem täglichen Leben, mit Testamenten, kurzen Anweisungen für nützliche Betätigungen u. a. m. Briefsammlungen der Pastons, Celys und Stonors beweisen, für welche Mannigfaltigkeit von bis dahin ungewöhnlichen Themen die englische Prosa in kleinem Rahmen gebrauchsfähig gemacht worden war.

---

[24]) Vgl. M. Jeremy in MLN 59 (1944), 181 ff.

Zu literarisch beachtenswerten Leistungen kam es vor allem in didaktischen und wissenschaftlichen Darstellungen. Die ersten englischen Prosaschriften über Pflanzen, Kräuter und ihre heilenden Wirkungen kamen zwar bereits gegen Ende des 14. Jhs. heraus, doch verdrei- oder vervierfachten sie sich während des folgenden. Zu ihnen gesellten sich zahlreiche Abhandlungen über naturwissenschaftliche Themen, über Astrologie und Alchemie. Ferner erschienen neben Handbüchern für das praktische Rechnen solche über Pferde-, Fisch-, Tauben- und Falkenzucht, auch populäre Jagdtraktate. Den verbreiteten *Travels of Sir John Mandeville* (vgl. S. 127) folgten viele weitere Reise- und Pilgerbücher mit praktischen Hinweisen und wundersamen Geschichten.

Über die Alltagszwecke und die Unterhaltung hinaus waren vor allem zwei Persönlichkeiten an der Schaffung einer wissenschaftlichen englischen Prosa beteiligt: Reginald Pecock (c. 1375—1460)[25], eilte seiner Zeit voraus, indem er wissenschaftliche Kenntnisse und die Vernunft als Tugenden eines wahren Christen so stark propagierte, daß er insgesamt vierzehn seiner Werke — darunter *Donet, Folower to the Donet, Book of Faith* — widerrufen und öffentlich verbrennen mußte. Der Rechtsgelehrte und Politiker John Fortescue (c. 1394 bis c. 1476) verfaßte nach lateinischen Rechtfertigungsschriften des Hauses Lancaster und nach Abhandlungen zugunsten der konstitutionellen Monarchie in leichterem Englisch *On the Government of England* als Befürwortung einer starken Regierung durch einen König.

In das 15. Jh. fällt auch der vollständige Wandel der Geschichtsschreibung. Nachdem bereits 1387 John Trevisas *Brut* in englischer Prosa erschienen war (vgl. S. 127), setzte Thomas Walsingham (1377—1422) als letzter Vertreter der St. Albans-Schule (vgl. S. 75) noch die mittelalterliche lateinische Historiographie fort. Dann aber zeigen drei vor 1450 verfaßte Biographien durch die Gruppierung der geschichtlichen Tatsachen um Heinrich V. einen neuen Geist, und durch ein kurz nach 1455 in englischer Sprache geschriebenes Leben mit didaktischer Absicht wird die lateinische Historiographie als

[25]) Vgl. V. Green, *Bishop Reginald Pecock*, Cambr. 1945.

literarisches Erzeugnis endgültig begraben. Der gebildete Bürger befriedigte seinen erwachten Geschichtssinn am englischen *Brut,* an den Lokalchroniken, deren umfassendste *The Great Chronicle of London* (c. 1430) war, und an John Capgraves (1393—1464) *Chronicle of England* (1464), die alle noch nicht das Tatsächliche vom Erdichteten zu trennen vermochten.

Im ganzen erweist sich also das 15. Jh. als eine typische Übergangszeit. Obgleich Chaucer bereits eine neue Wertung von Mensch und Welt vorgenommen hatte, fehlte es in den kommenden Jahrzehnten an geeigneten Nachfolgern, die seinen Schwung aufgriffen und über ihn hinausführten. Günstigstenfalls hielten einige Dichtungen, vor allem von Lydgate, noch seine Höhe. Im allgemeinen jedoch ist vom künstlerischen Gesichtspunkt aus ein Absinken festzustellen, so daß Gower, Chaucer und auch Lydgate das ganze 15. Jh. hindurch — und selbst darüber hinaus — als einzige wirkliche Dichter herausragten.

Neben dem Konventionellen sind aber zahlreiche neue Töne erkennbar, die den tiefen Wandel im 15. Jh. vom Menschen des Mittelalters zu dem der Renaissance widerspiegeln, wenngleich bei den politischen, religiösen, ökonomischen und sozialen Umwälzungen, durch die sich die englische Nation kraftvoll aus den mittelalterlichen Fesseln befreite, wenig Muße für wirkliche literarische Kunstwerke übrigblieb. Im Hinblick auf die Renaissance reiht sich trotz dieses ästhetischen Mangels das 15. Jh. geistesgeschichtlich ebenso organisch zwischen das vorangehende und kommende ein wie die gesamte me. Periode zwischen die altenglische und die neue Zeit.

Hauptmerkmale der mittelenglischen Literatur

Macht die oben (S. 148 f.) vorgenommene Gegenüberstellung von Chaucer mit der Hauptmasse des me. Schrifttums schon einige der Züge deutlich, durch die es gekennzeichnet ist, so wird der gesamten me. Periode erst durch einen Vergleich mit der vorangehenden ae. Zeit voll Genüge getan.

Zwar hatte der Normanneneinfall das Wachstum der sich im Spätaltenglischen zeigenden literarischen Keime verhindert, doch vegetierten Teile der bodenständigen Literatur unter der artfremden, bis die Zeit zur Wiederbelebung gereift war und an Altes angeknüpft werden konnte.

Alfreds Erziehungswerk ging im ganzen Mittelalter weiter; die Predigten des 13. und 14. Jhs. behandelten den gleichen Gegenstand und weisen einen ähnlichen Ton auf wie die Ælfrics; man las dieselben Autoren und belebte sie. Nachdem das Gefallen an Heiligenlegenden einmal wachgerufen worden war, hörte es nicht mehr auf; u. .a. m.

Dennoch bestehen grundsätzliche Unterschiede zwischen beiden Perioden: das Altenglische findet seinen prägnantesten Ausdruck im Epos, hinter dem die Welt des irdischen oder christlichen Helden steht, das Mittelenglische im Versroman, der das Milieu des Ritters und Abenteurers widerspiegelt. Aus dem Krieger mit seiner Treue zum Stammesherrn wurde der Ritter mit seiner Ergebenheit zu Gott, zum König, der häufig als Hüter des Christentums gesehen wird, und zur Frau.

In der harten Männerwelt der ae. Zeit hatten die Frauen in der Literatur nur ausnahmsweise Beachtung gefunden. Mit der Entwicklung des me. Schrifttums traten sie immer mehr hervor. Während nur einzelne, besonders angesehene in der Methalle zugegen sein konnten, ist im späteren Mittelalter ihre Anwesenheit in größerem Maße anzunehmen. Sie entwickelten sich nicht nur zu gleichberechtigten Hörerinnen, sondern wurden ebenfalls als Trägerinnen hochgeachteter Eigenschaften Gegenstand dichterischer Behandlung. Der erste Grund für diese Bedeutungsänderung lag wahrscheinlich in der mit der Marienverehrung verbundenen Höherschätzung alles Weiblichen, der zweite in dem ritterlichen Minnekult, der auf englischem Boden seinen Höhepunkt im 12. Jh. erreicht hatte.

Durch die Einbeziehung der Frau in den Kreis der Betrachtung wandelte sich notwendigerweise der Ton. Das von Helden und blutigen Kämpfen handelnde und für die Männerwelt bestimmte ae. Epos war, ebenso wie die Sprache, hart und häufig rauh (vgl. S. 65). Die für beide Geschlechter gedachten, von Rittern und ihren Geliebten erzählenden Romane wiesen zwar einen ernsten Grundakkord auf, gewährten aber auch hin und wieder Raum für weiche Obertöne anläßlich zarter Liebeswerbungen, Spielereien und Scherzen.

Trotz des durch die Normannen herbeigeführten tiefen Einschnitts sind, wie in der Entwicklung der englischen Sprache, neben allen äußerlichen Wandlungen gewisse, der ae. und me. Literatur gemeinsame Grundzüge festzustellen, wodurch beide Perioden zu einer Einheit verbunden werden, die sich als besonderes Glied in die Familie der abendländischen Literaturen stellt.

Sachverzeichnis

Die Substantive stehen auch für die entsprechenden Adjektive (Belehrung f. belehrend); ~ bedeutet, die Zahlen verweisen auch auf Zusammensetzungen (Bibel ~ auch = Bibelstoffe, -verse, -übersetzung, -geschichten); **etc.** bedeutet sehr häufiges weiteres Vorkommen des Stichwortes und seines Begriffsfeldes.

Namenverzeichnis

Geschichte

Allgemeines / Vor- und Frühgeschichte / Altertum, Mittelalter und Neuzeit / Kulturgeschichte

Einführung in die Geschichtswissenschaft. Von P. Kirn. 2. Aufl. 121 S. 1952 . . . . Bd. 270

Kultur der Urzeit. Bd. I: Die vormetallischen Kulturen. (Die Steinzeiten Europas. Gleichartige Kulturen in anderen Erdteilen.) Von F. Behn. 4. Aufl. Mit 48 Abb. 172 S. 1950 . . . . Bd. 564

Bd. II: Die älteren Metallkulturen. (Der Beginn der Metallbenutzung. Kupfer- und Bronzezeit in Europa, im Orient und Amerika.) 4. Aufl. Mit 67 Abb. 160 S. 1950 . Bd. 565

Bd. III: Die jüngeren Metallkulturen. (Das Eisen als Kulturmetall. Hallstatt- und Latène-Kultur in Europa. Das erste Auftreten des Eisens in den anderen Weltteilen.) 4. Aufl. Mit 60 Abb. 149 S. 1950 . . . . Bd. 566

Vorgeschichte Europas. Von F. Behn. 7. Aufl. Mit 47 Abb. 125 S. 1949 . . . . Bd. 42

Archäologie. Von A. Rumpf. I. 136 S. 1952 . . . . Bd. 538

Zeitrechnung der römischen Kaiserzeit, des Mittelalters und der Neuzeit. Für die Jahre 1—2000 n. Chr. Von H. Lietzmann. 2. Aufl. besorgt d. A. Hofmeister. 126 S. 1952. In Vorbereitung . . . . Bd. 1085

Quellenkunde der deutschen Geschichte im Mittelalter. (Bis zur Mitte des 15. Jahrh.) I. Einleitung. Allgemeiner Teil. Die Zeit der Karolinger. Von K. Jacob. 5. Aufl. 118 S. 1949 . . . . Bd. 279

II. Die Kaiserzeit (911—1250). 4. Aufl. 127 S. 1949 . . . Bd. 280

III. Das Spätmittelalter (vom Interregnum bis 1500). Unter Verwendung des Nachlasses von K. Jacob. Herausgegeben von F. Weden. 152 S. 1952 . . . . Bd. 284

Von den Karolingern zu den Staufern. Die altdeutsche Kaiserzeit (900—1250). Von J. Haller. 3. Aufl. Mit 4 Karten. 141 S. 1944 . . . . Bd. 1065

Deutsche Geschichte im Zeitalter der Reformation, der Gegenreformation und des 30jährigen Krieges. Von F. Hartung. 129 S. 1951 . . . . Bd. 1105

Geschichte Englands. Teil I: bis 1815. Von H. Preller. 3., stark umgearbeitete Aufl. Mit 2 Karten. 135 S. 1952 . . Bd. 375

Geschichte der Mathematik. I. Von den Anfängen bis zum Auftreten von Fermat und Descartes. Von J. E. Hofmann. 199 S. 1952 . . . . Bd. 226

Geschichte der Chemie. Bd. I: Vom Altertum bis zur Entdeckung des Sauerstoffs. Von G. Lockemann. Mit 8 Bildnissen. 142 S. 1950 . . . . Bd. 264

Sprach- und Literaturwissenschaft

Indogermanisch / Germanisch

Indogermanische Sprachwissenschaft. Von H. Krahe. 2. Auflage. 134 S. 1948 . . . . Bd. 59

Sanskrit-Grammatik. Von M. Mayrhofer. 89 S. 1952 . . . Bd. 1158

Germanische Sprachwissenschaft. Bd. I: Einleitung und Lautlehre. Von H. Krahe. 2. Aufl. 127 S. 1948 . . . . . Bd. 238

Bd. II: Formenlehre. 2. Aufl. 140 S. 1948 . . . . Bd. 780

Altnordisches Elementarbuch. Schrifttum, Sprache, Texte mit Übersetzung und Wörterbuch. Von F. Ranke. 2., durchgesehene Aufl. 146 S. 1949 . . . . Bd. 1115

Deutsche Sprache und Literatur

Deutsche Wortkunde. Eine kulturgeschichtliche Betrachtung des deutschen Wortschatzes. Von A. Schirmer. 3. Aufl. 109 S. 1949 . . . . Bd. 929

Deutsches Dichten und Denken von der germanischen bis zur staufischen Zeit. (Deutsche Literaturgeschichte vom 5. bis 13. Jhdt.) Von H. Naumann. 2., verbess. Aufl. 166 S. 1952 . . . . Bd. 1121

Deutsche Sprachlehre. Von W. Hofstaetter. 9., neubearb. Aufl. von G. Spree. 144 S. 1952 . . . . Bd. 20

Sprechen und Sprachpflege. Von H. Feist. 2. Aufl. Mit 25 Abb. 99 S. 1952 . . . . Bd. 1122

Der Nibelunge Nôt. In Auswahl mit kurzem Wörterbuch. Von K. Langosch. 9., umgearbeitete Aufl. 163 S. 1952 . Bd. 1

Deutsches Dichten und Denken vom Mittelalter zur Neuzeit. (1270—1700.) Von G. Müller. 2. Aufl. 159 S. 1949 . . . Bd. 1086

Deutsches Dichten und Denken von der Aufklärung bis zum Realismus. (1700—1890.) Von K. Viëtor. 2. Aufl. 156 S. 1949 . . . . Bd. 1096

Englische Sprache / Romanische Sprache und Literatur

Altenglisches Elementarbuch. Einführung, Grammatik. Texte mit Übersetzung und Wörterbuch. Von M. Lehnert. 2., verbesserte und vermehrte Aufl. 176 S. 1950 . Bd. 1125

Beowulf. Eine Auswahl mit Einführung, teilweiser Übersetzung, Anmerkungen und etymologischem Wörterbuch. Von M. Lehnert. 2., verbesserte Aufl. 135 S. 1949 . . . Bd. 1135

Italienische Literaturgeschichte. Von K. Voßler. Unveränderter Nachdruck der 1927 erschienenen 4., durchgesehenen und verbesserten Aufl. 148 S. 1948 . . . . . Bd. 125

Griechisch / Lateinisch

Geschichte der griechischen Sprache. I. Bis zum Ausgang der klassischen Zeit. Von O. Hoffmann. 3., stark umgearbeitete Aufl. von A. Debrunner. 144 S. 1952. In Vorbereitung . . . . Bd. 111

Geschichte der griechischen Literatur. I. Von den Anfängen bis auf Alexander d. Gr. Von W. Nestle. 2., verbesserte Aufl. Neudruck. 148 S. 1950 . . . . Bd. 70

II. Von Alexander d. Gr. bis zum Ausgang der Antike. 2., verbesserte Aufl. 128 S. 1945 . . . . Bd. 557

Geschichte der lateinischen Sprache. Von F. Stolz. 3., stark umgearbeitete Aufl. von A. Debrunner. 136 S. 1952 . . Bd. 492

Orientalia / Russisch

Sanskrit-Grammatik. Von M. Mayrhofer. 89 S. 1952 . . . Bd. 1158

Hebräische Grammatik. I. Band: Schrift-, Laut- und Formenlehre I. Von G. Beer. 2., völlig umgearb. Aufl. von R. Meyer. 157 S. 1952 . . . . Bd. 763

Russische Grammatik. Von E. Berneker und M. Vasmer. 6., unveränderte Aufl. 155 S. 1947 . . . . Bd. 66

Erd- und Länderkunde

Kartenkunde. Von M. Eckert-Greiffendorff. Durchgesehen von W. Kleffner. 3. Aufl. Mit 63 Abb. 149 S. 1950 . . . Bd. 30

Australien und Ozeanien. Von H.-J. Krug. Mit 46 Skizzen. 176 S. 1952 . . . . Bd. 319

Wirtschaftswissenschaften / Gesellschaftskunde

Allgemeine Betriebswirtschaftslehre. Von K. Mellerowicz. 3 Bde. I: 142 S., II: 112 S., III: 141 S. 7. Aufl. 1952. Bd. 1008, 1153, 1154

Soziologie. Geschichte und Hauptprobleme. Von L. v. Wiese. 4. Aufl. 151 S. 1950 . . . . Bd. 101

Naturwissenschaften und Technik

Mathematik

Geschichte der Mathematik. Von J. E. Hofman. I.: Von den Anfängen bis zum Auftreten von Fermat und Descartes. 199 S. 1952 . . . . Bd. 226

Mathematische Formelsammlung. Von F. Ringleb. 5., verbesserte Aufl. Mit 57 Fig. 274 S. 1949 . . . . Bd. 51

Formelsammlung zur praktischen Mathematik. Von G. Schulz. Durchgesehener Neudruck. Mit 10 Abb. 147 S. 1945 . . . . Bd. 1110

Vierstellige Tafeln und Gegentafeln. Für logarithmisches und trigonometrisches Rechnen. In zwei Farben. Zusammengestellt von H. Schubert und R. Haussner. Neudruck. 181 S. 1952. In Vorbereitung . . . . Bd. 81

Fünfstellige Logarithmen. Mit mehreren graphischen Rechentafeln und häufig vorkommenden Zahlwerten. Von A. Adler. 2. Aufl. Neudruck. Mit 1 Tafel. 127 S. 1949 Bd. 423

Einführung in die Zahlentheorie. Von A. Scholz. 2. Aufl. 136 S. In Vorbereitung . . . . Bd. 1131

Arithmetik. Von P. B. Fischer. 2. Aufl. Neudruck. Mit 19 Abb. 152 S. 1951. In Vorbereitung . . . . Bd. 47

Elementare und klassische Algebra vom modernen Standpunkt. Von W. Krull. 2., erweiterte Aufl. I.: 136 S. 1952 Bd. 930

Höhere Algebra. Von H. Hasse. I.: Lineare Gleichungen. 3., verbess. Aufl. 152 S. 1951 . . . . Bd. 931

II.: Gleichungen höheren Grades. 3., verbess. Aufl. 5 Fig. 158 S. 1951 . . . . Bd. 932

Aufgabensammlung zur höheren Algebra. Von H. Hasse und W. Klobe. 2., vermehrte u. verbesserte Aufl. 1952 . Bd. 1082

Determinanten. Von P. B. Fischer. 4., umgearb. Aufl. Neudruck. 116 S. 1952. In Vorbereitung . . . . Bd. 402

Gruppentheorie. Von L. Baumgartner. 2. Aufl. Mit 6 Fig. 115 S. 1949 . . . . Bd. 837

Mengenlehre. Von E. Kamke. 3. Aufl. Mit 6 Fig. 160 S. 1952 . . . . Bd. 999

Elemente der Funktionentheorie. Von K. Knopp. 3. Aufl. Mit 23 Fig. 144 S. 1949 . . . . Bd. 1109

Funktionentheorie. Von K. Knopp. I.: Grundlagen der allgemeinen Theorie der analytischen Funktion. 7. Aufl. Mit 8 Fig. 139 S. 1949 . . . . Bd. 668

II.: Anwendungen und Weiterführung der allgemeinen Theorie. 7. Aufl. Mit 7 Fig. 130 S. 1949 . . . . Bd. 703

Aufgabensammlung zur Funktionentheorie. Von K. Knopp. I.: Aufgaben zur elementaren Funktionentheorie. 4. Aufl. 135 S. 1949 . . . . Bd. 877

II.: Aufgaben zur höheren Funktionentheorie. 4. Aufl. 151 S. 1949 . . . . Bd. 878

Gewöhnliche Differentialgleichungen. Von G. Hoheisel. 4., neubearbeitete Aufl. 129 S. 1951 . . . . Bd. 920

Partielle Differentialgleichungen. Von G. Hoheisel. 3., neubearb. Aufl. 130 S. 1952. In Vorbereitung . . . . Bd. 1003

Aufgabensammlung zu den gewöhnlichen und partiellen Differentialgleichungen. Von G. Hoheisel. 2., umgearb. Aufl. 124 S. 1952 . . . . Bd. 1059

Differentialrechnung. Von A. Witting. 3., neubearb. Aufl. Durchgesehener Neudruck. Mit 95 Fig. und 200 Beispielen. 201 S. 1949 . . . . Bd. 87

Repetitorium und Aufgabensammlung zur Differentialrechnung. Von A. Witting. 2.,Aufl. Neudruck. 122 S. 1949 . . . . Bd. 146

Integralrechnung. Von A. Witting. 2. verbesserte Aufl. Durchgesehener Neudruck. Mit 62 Fig. und 190 Beispielen. 176 S. 1949 . . . . Bd 88

Repetitorium und Aufgabensammlung zur Integralrechnung. Von A. Witting. 2. Aufl. Neudruck. 121 S. 1949 . . . . Bd. 147

Einführung in die konforme Abbildung. Von L. Bieberbach. 4. Aufl. Mit 42 Zeichnungen. 147 S. 1949 . . . . Bd. 768

Darstellende Geometrie. Von R. Haussner. 1. Teil: Elemente, ebenflächige Gebilde. 6., unveränderte Aufl. Mit 110 Fig. 207 S. 1947 . . . . Bd. 142

2. Teil: Perspektive ebener Gebilde, Kegelschnitte. 5., unveränderte Aufl. Mit 88 Fig. 168 S. 1947 . . . . . . Bd. 143

Sammlung von Aufgaben und Beispielen zur analytischen Geometrie der Ebene. Von R. Haussner. Neudruck. Mit 22 Fig. 139 S. 1949 . . . . Bd. 256

Ebene und sphärische Trigonometrie. Von G. Hessenberg. 4. Aufl., Neudruck. 1952 . . . . Bd. 99

Nichteuklidische Geometrie. Hyperbolische Geometrie der Ebene. Von R. Baldus. 3., verbess. Aufl. durchges. von F. Löbell. Mit 70 Fig. 140 S. 1952. In Vorbereitung . . . Bd. 970

Vermessungskunde. Von P. Werkmeister. I.: Stückmessung und Nivellieren. 9. Aufl. Mit 145 Fig. 172 S. 1949 . . . Bd. 468

II.: Messung von Horizontalwinkeln. Festlegung von Punkten im Koordinatensystem. Absteckungen. 7. Aufl. Mit 63 Fig. 151 S. 1949 . . . . Bd. 469

III.: Trigonometrische und barometrische Höhenmessung Tachymetrie und Topographie. 6. Aufl. Mit 64 Fig. 147 S. 1949 . . . . Bd. 862

Vektoranalysis. Von S. Valentiner. 7., wesentlich veränderte Aufl. Mit 19 Fig. 138 S. 1950 . . . . Bd. 354

Physik / Chemie / Allgemeine, anorganische, organische und experimentelle Chemie / Elektrochemie / Technologie

Physikalische Formelsammlung. Von G. u. K. Mahler. 8., verbesserte Aufl. Mit 69 Fig. 153 S. 1950 . . . . Bd. 136

Physikalische Aufgabensammlung. Von G. u. K. Mahler. Mit den Ergebnissen. 7., verbess. Aufl. 127 S. 1952 . . . Bd. 243

Differentialgleichungen der Physik. Von E. Sauter. 2. Aufl. Mit 16 Fig. 148 S. 1950 . . . . Bd. 1070

Einführung in die Kristalloptik. Von E. Buchwald. 4., verbess. Aufl. Mit 121 Fig. 138 S. 1952 . . . . Bd. 61

Vektoranalysis. Von S. Valentiner. 7., wesentl. veränderte Aufl. Mit 19 Fig. 138 S. 1950 . . . . Bd. 354

Geschichte der Chemie. Von G. Lockemann. Bd. I: Vom Altertum bis zur Entdeckung des Sauerstoffs. Mit 8 Bildnissen. 142 S. 1950 . . . . Bd. 264

Allgemeine und physikalische Chemie. Von W. Schulze.
I. Teil: 3., durchgesehene Aufl. Mit 22 Fig. 146 S. 1949 Bd. 71
II. Teil: 3., durchgesehene Aufl. Mit 36 Fig. 160 S. 1949 Bd. 698

Physikalisch-Chemische Rechenaufgaben. Von E. Asmus. 2. Aufl. 96 S. 1949 . . . . Bd. 445

Anorganische Chemie. Von W. Klemm. 7. Aufl. Mit 18 Abb. 184 S. 1952 . . . . Bd. 37

Thermochemie. Von W. A. Roth. 3. Aufl. Mit 16 Fig. 109 S. 1952 . . . . Bd. 1057

Stöchiometrische Aufgabensammlung. Mit den Ergebnissen. Von W. Bahrdt und R. Scheer. 5., verbess. Aufl. Mit 120 S. 1952 . . . . Bd. 452

Organische Chemie. Von W. Schlenk. 5., verbess. Aufl. Mit 17 Fig. 239 S. 1949 . . . . Bd. 38

Analytische Chemie. Von J. Hoppe. I.: Reaktionen. 5., verbesserte Aufl. 135 S. 1950 . . . . Bd. 247
II.: Gang der qualitativen Analyse. 5., verbesserte Aufl. 168 S. 1950 . . . . Bd. 248

Elektrochemie und ihre physikalisch-chemischen Grundlagen. Von A. Dassler. Bd. I.: Mit 21 Abb. 149 S. 1950 Bd. 252
Bd. II: Mit 17 Abb. 178 S. 1950 . . . . Bd. 253

Warenkunde. Von K. Hassak und E. Beutel. 7. Auflage, neu bearbeitet von A. Kutzelnigg. Bd. I: Anorganische Waren sowie Kohle und Erdöl. Mit 19 Fig. 116 S. 1947 . Bd. 222
Bd. II: Organische Waren. Mit 32 Fig. 143 S. 1949 . . . Bd. 223

Die Fette und Öle. Von K. Braun. 5. vollständig neubeaιb. und verbess. Aufl. von Th. Klug. 145 S. 1950 . . . . . Bd. 335

Naturwissenschaften / Biologie / Botanik / Zoologie Land- und Forstwirtschaft

Hormone. Von G. Koller. 2. Aufl. Mit 60 Abb. und 19 Tab. 187 S. 1949 . . . . Bd. 1141

Geschlecht und Geschlechtsbestimmung im Tier- und Pflanzenreich. Von M. Hartmann. 2. Aufl. Mit 62 Abb. 155 S. 1951 . . . . Bd. 1127

Fortpflanzung im Tier- und Pflanzenreich. Von J. Hämmerling. 2., ergänzte Aufl. Mit 101 Abb. 135 S. 1951 . . . . Bd. 1138

Grundriß der allgemeinen Mikrobiologie. Von W. Schwartz.
Bd. I: Mit 17 Abb. 104 S. 1949 . . . . Bd. 1155
Bd. II: Mit 12 Abb. 93 S. 1949 . . . . Bd. 1157

Symbiose der Tiere mit pflanzlichen Mikroorganismen. Von P. Buchner. 2., verbesserte und vermehrte Aufl. Mit 121 Abb. 130 S. 1949 . . . . Bd. 1128

Entwicklungsgeschichte des Pflanzenreiches. Von H. Heil. 2. Aufl. Mit 94 Abb. und 1 Tab. 138 S. 1950 . . . . . . Bd. 1137

Morphologie der Pflanzen. Von L. Geitler. 3. Aufl. Mit 114 Abb. 126 S. 1952. . . . . Bd. 141

Pflanzenzüchtung. Von H. Kuckuck. I: Grundzüge der Pflanzenzüchtung. 3., völlig umgearbeitete u. erweiterte Aufl. Mit 22 Abb. 132 S. 1952 . . . . Bd. 1134

Die Laubhölzer. Von F. W. Neger und E. Münch. 3., durchgesehene Aufl., herausgegeben von B. Huber. Mit 63 Fig. und 7 Tab. 142 S. 1950 . . . . Bd. 718

Die Nadelhölzer (Koniferen) und übrigen Gymnospermen. Von F. W. Neger und E. Münch. 4., durchges. u. ergänzte Aufl., herausgegeb. von B. Huber. Mit 75 Fig., 4 Tabellen u. 3 Karten. 140 S. 1952 . . . . Bd. 355

Vergleichende Physiologie der Tiere. Von K. Herter. I.: Stoff- und Energiewechsel. 3. Aufl. Mit 64 Abb. 155 S. 1950 . . . . Bd. 972
II.: Bewegung und Reizerscheinungen. 3. Aufl. Mit 110 Abb. 148 S. 1950 . . . . Bd. 973
Landwirtschaftliche Tierzucht. Die Züchtung und Haltung der landwirtschaftlichen Nutztiere. Von H. Vogel. Mit 11 Abb. 139 S. 1952 . . . . Bd. 228
Kulturtechnische Bodenverbesserungen. Von O. Fauser. I.: Allgemeines, Entwässerung. 4., neubearbeitete Aufl. Mit 47 Abb. 122 S. 1947 . . . . Bd. 691
II.: Bewässerung, Ödlandkultur, Umlegung. 4., neubearbeitete Aufl. Mit 67 Abb. 150 S. 1948 . . . . Bd. 692

Geologie / Mineralogie / Kristallographie

Petrographie. Von W. Bruhns u. P. Ramdohr. 3., durchgesehene Aufl. Mit 10 Fig. 117 S. 1949 . . . . Bd. 173
Kristallographie. Von W. Bruhns und P. Ramdohr. 4. Aufl. 1952. In Vorbereitung . . . . Bd. 210
Einführung in die Kristalloptik. Von E. Buchwald. 4., verb. Aufl. Mit 121 Fig. 138 S. 1952 . . . . Bd. 619
Lötrohrprobierkunde. Mineraldiagnose mit Lötrohr und Tüpfelreaktion. Von M. Henglein. 3., verbesserte Aufl. Mit 11 Fig. 91 S. 1949 . . . . Bd. 483

Ingenieurwissenschaften
Allgemeines / Maschinenbau / Hoch- und Tiefbau Elektrotechnik / Wasserbau

Technische Tabellen und Formeln. Von W. Müller. 4., überarbeitete Aufl. Von E. Schulze. Mit 105 Fig. 152 S. 1951 Bd. 579
Dynamik. Von W. Müller. I.: Dynamik des Einzelkörpers. 2., verbesserte Aufl. Mit 70 Fig. 160 S. 1952 . . . . . . Bd. 902
II.: Systeme von starren Körpern. 2., verbess. Aufl. Mit 41 Fig. 102 S. 1952 . . . . Bd. 903
Technische Thermodynamik. Von W. Nusselt. I.: Grundlagen. 3., verbess. Aufl. Mit 71 Abb. 144 S. 1950 Bd. 1084
II.: Theorie der Wärmekraftmaschinen. Neudruck. Mit 87 Abb. und 32 Zahlentafeln. 144 S. 1951 . . . . Bd. 1151
Festigkeitslehre. Von W. Gehler und W. Herberg. I.: Elastizität, Plastizität und Festigkeit der Baustoffe und Bauteile. Durchgesehener u. erweit. Neudruck. Mit 118 Bildern. 159 S. 1952 . . . . Bd. 1144
Metallkunde. Von H. Borchers. I.: Aufbau der Metalle und Legierungen. Mit 2 Tab. und 90 Abb. 2. Aufl. 110 S. 1950 Bd. 432
II.: Eigenschaften, Grundzüge der Form und Zustandsgebung. 2. Aufl. Mit 8 Tab., 100 Abb. 154 S. 1952 . . . Bd. 433
Getriebelehre. Von P. Grodzinski u. H. Polster. I.: Geometrische Grundlagen. 2. Aufl. Mit 127 Fig. 1952. . . . Bd. 1061
Die Maschinenelemente. Von E. vom Ende. 2., verbesserte Aufl. Mit 173 Fig. und 12 Taf. 159 S. 1950 . . . . Bd. 3
Das Maschinenzeichnen mit Einführung in das Konstruieren. Von W. Tochtermann.
I.: Das Maschinenzeichnen. 4. Aufl. Mit 77 Taf. 156 S. 1950 . . . . Bd. 589
II.: Ausgeführte Konstruktionsbeispiele. 4. Aufl. Mit 58 Taf. 130 S. 1950 . . . . Bd. 590

FSC
www.fsc.org
MIX
Papier | Fördert
gute Waldnutzung
FSC® C083411

Kolibri 360 GmbH
Ferdinand-Jühlke-Straße 7
99095 Erfurt, Deutschland
produktsicherheit@kolibri360.de